AF362795

INSTRUCTIONS

POUR LES

SEMIS DE FLEURS

DE PLEINE TERRE.

AVEC L'INDICATION

DE LEUR COULEUR, ÉPOQUE DE FLORAISON, CULTURE, ETC.,
ET DES CLASSEMENTS DIVERS SELON LEUR EMPLOI,

SUIVIES D'UNE

NOTICE

SUR LA FORMATION ET L'ENTRETIEN DES GAZONS.

PAR

VILMORIN-ANDRIEUX ET Cⁱᵉ,

MARCHANDS GRAINIERS,

Quai de la Mégisserie, dit de la Ferraille, 30, à Paris.

PRIX : 75 CENT.

PARIS,

A LA LIBRAIRIE AGRICOLE, RUE JACOB, 26;

EN PROVINCE,

CHEZ LES PRINCIPAUX MARCHANDS DE GRAINES ET LIBRAIRES.

1849

RÉSUMÉ DES SIGNES QUI SE RAPPORTENT AUX SEMIS.

(4ᵉ COLONNE.)

1. a Semez sur couche au commencement de Mars.
    b —   —   —   de Mars ; repiquez sur couche.
    c —   —   —   de Mars ; repiquez en pot.
    d —   —   —   de Mars ; repiquez une seule plante par pot.
    e — en pot sur couche au commencement de Mars.

2. a Semez sur couche fin de Mars ; repiquez sur couche.
    b —   —   dans le courant d'Avril.
    c Repiquez sur couche
    d —   en pot.
    e Semez en pot sur couche en Mars ou Avril.

3. a Semez en pépinière en planche en Mars.
    b —   —   —   en Avril.
    c —   —   —   en Mai.

4. a Semez en place en Mars.
    b —   —   en Avril.
    c —   —   en Mai.
    d —   —   en juin.

5. a Semez en Septembre en place.
    b —   —   en pépinière.
    c —   —   —   pour repiquer et hiverner en pépinière sous châssis.

6. a Semez en Juin en pépinière en planche.
    b — en Juillet en pépinière en planche.
    c — en pépinière en pot en Juin ou Juillet.
    d —   — en planche en Mai.
    e Replantez en pot pour hiverner sous châssis.

7. a Semez en Juin-Juillet en pépinière en planche.
    b —   —   —   en pot.
    c — en Avril-Mai en pépinière en planche.
    d —   —   — en pot.
    e — en Avril-Mai en pépinière en planche, pour obtenir la floraison dès la première année.
    f — en Avril sur couche, pour obtenir la floraison dès la première année.
    g Conservez les racines vivaces ou tubercules dans une cave, serre ou cellier.

8. Repiquez, si cela convient, dans la pépinière d'attente.

TABLE DES ABRÉVIATIONS.

COULEURS DES FLEURS (1ʳᵉ COLONNE).

A.	Amarante.	Fod.	Feuille odorante.	Pé.	Panaché.
Ap.	Apétale.	Fr.	Fruit d'ornement.	Pct.	Ponctué.
B.	Bleu.	Fv.	Fauve.	R.	Rouge.
Bf.	Bleu foncé.	G.	Gris de lin.	Rb.	Rouge brique.
Bl.	Blanc.	J.	Jaune.	Rbr.	Rouge brun.
Blc.	Blanc de crème.	Jbr.	Jaune brun.	Ro.	Rose.
Blj.	Blanc jaunâtre.	Jc.	Citron.	Rov.	Rose violacé.
Blr.	Blanc rosé.	Jp.	Jaune pâle.	Rs.	Rouge de sang.
Bp.	Bleu pâle.	Js.	Jaune soufre.	Rv.	Vermillon.
Br.	Brun.	Jv.	Jaune verdâtre.	S.	Safran.
Bt.	Bleuâtre.	L.	Lilas.	Sé.	Strié.
Bv.	Bleu violacé.	M.	Marron.	V.	Violet.
C.	Couleur de chair.	Mé.	Maculé.	Vd.	Verdâtre.
Cm.	Carmin.	N.	Noirâtre.	Vé.	Varié.
Cv.	Rouge cuivré.	O.	Orange.	Vf.	Violet foncé.
E.	Ecarlate.	Oc.	Jaune d'ocre.	Vp.	Violet pâle.
F.	Feu.	P.	Pourpre.	Vv.	Violet verdâtre.
Fle.	Feuille ornementale.				

La réunion de plusieurs signes indique que les couleurs qu'ils représentent sont réunies sur la même fleur.

DURÉE DES PLANTES (3ᵉ COLONNE).

⊙	Annuelle.	♂	Bisannuelle.	♃	Vivace.

ÉPOQUES DE FLORAISONS (5ᵉ COLONNE).

jv.	Janvier.	m.	Mai.	s.	Septembre
f.	Février.	j.	Juin.	o.	Octobre.
ms.	Mars.	jt.	Juillet.	n.	Novembre.
av.	Avril.	a.	Août.	d.	Décembre.

RÉSUMÉ DES SIGNES QUI SE RAPPO⬛NS.

(4e COLONNE.)

1. a Semez sur couche au commencement de Mars.
    b —   —   — de Mars ; re
    c —   —   — de Mars ; re Panaché.
    d —   —   — de Mars ; re Ponctué.
    e — en pot sur couche au commencement de M Rouge.

Rouge brique.

2. a Semez sur couche fin de Mars ; repiquez sur couc Rouge brun.
    b —   — dans le courant d'Avril. Rose.
    c Repiquez sur couche Rose violacé.
    d — en pot. Rouge de sang.
    e Semez en pot sur couche en Mars ou Avril. Vermillon.

Safran.

3. a Semez en pépinière en planche en Mars. Strié.
    b —   —   — en Avril. Violet.
    c —   —   — en Mai. Verdâtre.

Varié.

4. a Semez en place en Mars. Violet foncé.
    b —   — en Avril. Violet pâle.
    c —   — en Mai. Violet verdâtre.
    d —   — en juin.

5. a Semez en Septembre en place.
    b —   — en pépinière.
    c —   —   — pour repiquer et présentent sont réunies

6. a Semez en Juin en pépinière en planche.
    b — en Juillet en pépinière en planche.
    c — en pépinière en pot en Juin ou Juillet.
    d —   — en planche en Mai.
    e Replantez en pot pour hiverner sous châssis.

Vivace.

7. a Semez en Juin-Juillet en pépinière en planche.
    b —   —   — en pot.
    c — en Avril-Mai en pépinière en planche.
    d —   —   — en pot.
    e — en Avril-Mai en pépinière en planche, pour Septembre
        mière année. Octobre.
    f — en Avril sur couche, pour obtenir la florai Novembre.
    g Conservez les racines vivaces ou tubercules dans u Décembre.

8. Repiquez, si cela convient, dans la pépinière d'att

TABLE DES MATIÈRES.

INTRODUCTION.

Cette notice est destinée à suppléer aux indications que nous donnons habituellement de vive voix sur les plantes annuelles ou vivaces qui peuvent être cultivées en pleine terre , sous le climat du centre de la France. Elle eût été inutile à l'époque où le nombre des fleurs cultivées habituellement dans les jardins ne dépassait pas quelques centaines ; mais ce nombre s'est énormément accru depuis quelques années et tend à s'accroître beaucoup plus encore. Parmi ces plantes nouvelles, toutes certainement ne sont pas d'un égal mérite, mais un bon nombre , parmi lesquelles on peut citer les *Clarkia* , les *Escholtzia* , les *Nemophila* , les *Pourpiers à grande fleur*, les *Leptosiphon*, les *Viscaria* , etc. , peuvent être regardées comme de précieuses acquisitions pour les jardins. Ce que l'on ne sait pas assez , c'est que la plupart de ces plantes ne demandent pas plus de soins et de frais de culture que beaucoup des anciennes plantes communes de nos jardins.

Par des semis successifs et convenablement entendus pour un assez grand nombre d'entre-elles, on hâte ou l'on retarde presque à volonté les époques de leur floraison ; ainsi , nous signalerons les semis de Septembre qui ne sont pas assez généralement pratiqués, et qui peuvent procurer aisément des fleurs pour les mois d'Avril ou de Mai, époque à laquelle elles sont encore peu abondantes. Il y a aussi des plantes placées ordinairement dans le jardin potager qui , par l'élégance de leur port et de leurs feuilles, peuvent contribuer à l'ornement des jardins pittoresques ; nous avons signalé les principales.

Nous avons de même appliqué , par extension , le titre d'annuelles à des plantes qui sont réellement vivaces en serre , mais qui peuvent, à l'aide d'une culture simple, acquérir tout leur développement dans la révolution d'une année ; tels sont les *Lophospermum*, les *Thunbergia*, etc. Il est à désirer que, par de nouveaux essais, on trouve à étendre ces conquêtes précieuses pour l'ornement des jardins.

Nous avons tracé, dans un exposé succinct que nous nous sommes efforcés de rendre clair , les principales méthodes de semis et celles d'hivernage les plus simples. Nous ne nous sommes pas étendus au-delà, les plantes dont nous nous occupons ne demandant point de soins particuliers après qu'elles ont été plantées à demeure. Sur la liste alphabétique où figurent toutes les plantes comprises dans ce petit traité, se trouvent des signes de renvoi qui se rapportent aux différentes méthodes de semis ou d'hivernage qui conviennent aux diverses espèces. **Presque** toujours plusieurs méthodes sont applicables à la même plante, ce qu'indique la multiplicité des signes de renvoi. La disposition de ces signes en tableau nous a paru propre à aider les amateurs dans le choix des plantes qui concorderont avec les moyens de culture qui seront à leur disposition ou à leur convenance. Leur emploi ne présente pas de difficulté; ainsi, pour prendre divers exemples :

La Balsamine.

2b.   Signifie : semez en Avril sur couche pour repiquer en place,

ou

3bc   —   semez en pépinière en planche en Avril (b) ou en mai (c),

8.   —   Vous pouvez planter dans la pépinière d'attente.

Le Pied d'Allouette.

5a.   Signifie : semez en Septembre en place,

ou

4ab.   —   semez en Mars (a) ou en Avril (b) en place.

L'OEillet de la Chine.

5a.   Signifie : semez en Septembre en place ,

ou

5b.   —   semez en pépinière en Septembre pour mettre en place en Avril,

ou

2b.   —   semez en Avril sur couche ,

ou

3bc.   —   semez en pépinière en Avril ou Mai

ou

4bc.   —   semez en place en Avril-Mai ,

8   —   La plante supporte d'être plantée dans la pépinière d'attente.

L'on a le choix entre toutes ces cultures.

Pentstemon gentianoïdes.

6abc.   Signifie : semez en pépinière en Juin (a) ou en Juillet (b); repiquez en pot pour hiverner sous châssis ou en orangerie et mettre en place en Avril (c) ,

ou

2ab   —   semez sur couche en Mars (a) ou Avril (b) pour mettre en place en Avril-Mai,

ou

1b.   —   semez sur couche au commencement de Mars et repiquez sur couche pour planter en Avril-Mai,

etc., etc

Les autres colonnes sont destinées à indiquer par des signes dont nous donnons plus loin la clef,

La couleur des fleurs,

La hauteur des plantes,

Les époques de floraison pour lesquelles l'ordre de ces indications suit l'ordre des semis et les méthodes de culture.

Nous avons, dans plusieurs listes, classé les plantes selon leur emploi (voir la table); les plantes grimpantes, les plantes propres pour les bordures, les plantes à fleurs odorantes, etc. Nous les avons également classées par couleurs, et dans chaque série même les plantes sont classées par gradation de couleurs ou par degré d'intensité dans la nuance; ainsi, la place de chaque plante indique son coloris mieux peut-être qu'une description l'aurait pu faire; car il n'est pas que dans chaque série une ou plusieurs plantes connues de l'amateur, ne puissent lui servir de points de relation.

Le nom générique de chaque plante est accompagné de l'indication de la famille à laquelle elle appartient : nous avons suivi, pour ce travail, le *Nomenclator botanicus*, de Steudel *. Les recherches nombreuses dont la classification des plantes est incessamment l'objet, nous ont engagé à tenir compte des travaux récents, mais comme les noms, la plupart nouveaux, des familles sont généralement peu connus, nous les avons fait suivre de noms plus anciens et plus en usage parmi les personnes qui ne sont pas profondément versées dans la botanique.

Indépendamment des plantes des Alpes, nous avons signalé un assez grand nombre de plantes qui appartiennent à la Flore des environs de Paris ; quelques-unes sont déjà communément cultivées dans les jardins, comme la Digitale, le Géranium sanguin, etc. Nous y avons ajouté plusieurs autres espèces vraiment remarquables, surtout parmi celles qui ont une utilité spéciale, soit qu'elles croissent à l'ombre sous les grands arbres, qu'elles puissent servir à orner les eaux ou à garnir les rocailles. Ce n'est qu'une indication, il serait facile de multiplier les naturalisations de ce genre qui peuvent trouver des applications agréables ou utiles.

Les progrès rapides que fait l'horticulture, les investigations des botanistes, nous enrichiront, à n'en pas douter, d'ici à quelques années, d'un assez grand nombre de plantes nouvelles, pour motiver la publication d'un supplément à cet opuscule.

Les pelouses étant devenues, à juste titre, presque inséparables d'un jardin d'agrément, nous croyons devoir placer à la suite de notre travail une instruction sur la manière de semer et d'entretenir les gazons.

---

* Cet ouvrage est remarquable par la synonymie nombreuse qui y est indiquée ; au milieu des variations que chaque jour les études des botanistes font subir à la nomenclature, il sera consulté utilement par les amateurs.

SEMIS DES GRAINES DE FLEURS DE PLEINE TERRE.

DES PLANTES ANNUELLES.

On sème les plantes annuelles, suivant les espèces et selon que l'on veut en avancer ou retarder la floraison, 1° en pépinière sur couche, 2° en pépinière en pleine terre, 3° en place.

Semis sur couche.

On élève dès *les premiers jours de Mars*, à bonne exposition, une couche pourvue de réchauds et que l'on recouvre de châssis au fond desquels on met 15 à 20 centimètres de terreau ou de terre légère ; lorsque la couche a jeté son premier feu et qu'un thermomètre enfoncé dans le terreau ne marque plus que 25 à 30° centigr., on tasse légèrement la terre, de manière à ce qu'elle ne soit pas *creuse*, pour qu'elle ne cède pas trop sous l'eau des arrosements qui déplaceraient les graines fines, et l'on procède au semis. Après la recommandation que nous venons de faire sur l'état de la terre au moment du semis, nous ne saurions trop insister sur celle de *n'enterrer les graines que proportionnellement à leur volume* ; que les graines fines soient légèrement recouvertes de terreau qu'on tamisera dessus, ou simplement appuyées sur la terre avec la main ou une planche disposée à cet effet. La nuit, on couvre les châssis avec des paillassons, on découvre le jour par le beau temps et l'on arrose légèrement si la terre le demande ; on maintient, autant que possible, sous le châssis une température de 12 à 15 degrés pendant la nuit, de 20 à 25 pendant le jour ; à cet effet on remonte ou on renouvelle s'il le faut les réchauds de fumier. Les graines levées, on donne de l'air quand le temps le permet afin que les plants ne s'étiolent pas, et surtout quand le soleil donne, pour éviter sous le châssis une trop grande accumulation de chaleur ; en outre, on jette un peu de litière sur le verre du panneau pour abriter les plants encore tendres contre ses rayons directs. Lorsque les plantes ont pris quelques feuilles, suivant les soins particuliers qu'elles exigent, on les éclaircit (a) ou on les repique sur couche (b).

1a.

1b.

1c.   Quelquefois encore on repique les plants en pots (c), et après qu'ils ont acquis un certain développement, lorsqu'il s'agit de les planter à demeure, on renverse les pots et l'on divise la motte en autant de parties qu'il y a de plantes. Si l'on opère sur des plantes dont la reprise est difficile, on en repique une seule par pot (d) ou

1d.

1e.   même on sème en pot sur couche (e).

Les couches du *commencement de Mars* sont destinées à certaines plantes délicates ou à celles qu'on veut avancer ; mais pour la plupart des cas, les semis faits à la fin de Mars (a) ou dans le courant d'Avril (b) suffisent. La conduite des couches et du semis est la même, les plants reçoivent le même traitement, on les repique de même sur la couche (c) ou en pots (d) ou bien on les sème en pot (e) ; seulement la température étant plus douce, des cloches peuvent parfaitement suppléer les châssis.

Du reste, aussi, des couches destinées à la culture des primeurs, comme des melons, des pois, etc., peuvent servir simultanément aux deux emplois, et remplacer sans inconvénient celles que l'on peut construire dans la destination spéciale d'y élever des fleurs.

Semis en pleine terre.

1° *En pépinière.*

En Mars (a)
Avril (b)
Mai (c) sur une planche de terre légère et bien préparée, à bonne exposition, et de préférence sur une planche inclinée au midi, recouverte de terreau, on semera avec les soins indiqués pour les semis sur couche. Cependant, comme les semis sont souvent plus considérables et qu'on est davantage exposé aux courants d'air, on pourra, pour semer plus régulièrement, mêler les graines fines avec du sable ou de la cendre, et les graines aigrettées que le vent enlève facilement, avec de la terre. Si le temps est sec et aride, on pourra couvrir les semis avec de la mousse légèrement répandue sur la terre, ce qui aura, de plus, l'avantage de l'empêcher d'être battue par l'eau des arrosements et des averses, et de garantir les jeunes plants contre les rayons trop vifs du soleil. On peut encore dessiner en cercle les compartiments ensemencés et les couvrir pendant la nuit avec des pots renversés qui protégeront les semis contre le froid et l'invasion des insectes. Lorsque les plants sont devenus suffisamment forts, on les repique sur une plate-bande voisine ou on les éclaircit sur place, enfin on les plante à demeure quand ils sont de force à se défendre.

2° *En place.*

En Mars (a),
Avril (b),
Mai (c),
Juin (d), on sème en place : 1° les plantes qui n'exigent que peu de soins pendant leur premier âge ; 2° celles qui ne supportent pas la transplantation ; 3° celles dont on veut faire des semis considérables pour en former des massifs ou des bordures. Les plantes comme les *Lupins*, qui demandent à être isolées pour acquérir

tout leur développement, sont semées dans des petites fosses où on place plusieurs graines ; plus tard on ne laisse que le plant le plus vigoureux.

Les plantes pour massifs, souvent délicates, sont traitées comme celles en pépinière, garanties pendant la nuit par des pots ou des paillassons si cela est nécessaire, et éclaircies plus tard s'il y a lieu.

Si la terre dans laquelle on fait ces semis, est lourde et compacte, il est indispensable de recouvrir les graines avec du terreau.

Semis d'automne.

La plupart des plantes annuelles répandent leurs graines à l'automne, les unes passent l'hiver dans la terre sans germer, les autres se développent immédiatement, et les plantes encore jeunes, surprises par les froids, attendent que le printemps vienne ranimer leur végétation. On fera bien d'imiter la nature pour les plantes de nos climats qui ne souffrent pas de l'hiver, et pour celles qui, n'étant pas indigènes, peuvent cependant le supporter. Ces plantes seront plus vigoureuses, plus belles, leurs fleurs plus grandes, et de couleurs plus vives. Les *Clarkia*, les *Collinsia*, les *Gilia*, sont dans ce cas. C'est, de plus, un moyen d'obtenir de bonne heure la floraison des plantes qui peuvent se soumettre à cette culture, et par des semis répétés au printemps, on peut obtenir une succession presque continuelle et souvent très désirable de ces fleurs. Ces semis ne doivent pas être faits trop tôt, car si les plantes étaient déjà fortes quand l'hiver survient, elles seraient beaucoup plus exposées à périr. Ils se font, pour le mieux, dans le courant de Septembre, en place (a), et se pratiquent du reste comme ceux du printemps. On peut semer les mêmes plantes en pépinière en Septembre, et les repiquer à environ 10 centimètres en pépinière en plein air, où elles passeront l'hiver ; au mois d'Avril on les lèvera en motte et on les plantera en place (b).

On peut semer aussi en pépinière en Septembre et hiverner en pépinière sous châssis (c) un certain nombre de plantes qui ne supporteraient pas, sans cet abri, les rigueurs de l'hiver ; à cet effet, on choisit de préférence une place abritée et au midi, on place *sur le sol* un ou plusieurs coffres de châssis qu'on emplit de terre douce jusqu'à environ 15 centimètres du bord, en ayant soin que cette terre soit assez foulée pour n'être pas *creuse*. On repique les jeunes plants courant d'Octobre, à 8 ou 10 centimètres les uns des autres, et l'on couvre avec un panneau vitré lorsqu'il vient des pluies abondantes ou par les froids. Il est essentiel que la gelée ne pénètre pas dans le châssis, et l'on y pourvoit en amoncelant autour des coffres de la terre ou de la litière et couvrant les panneaux avec des paillassons. On donne de l'air le plus possible. Aux mois d'Avril et de Mai on lève les plants en motte et on les met en place.

DES PLANTES BISANNUELLES.

Culture.

6a.   La plupart peuvent être semées en Juin (a)

6b.   Juillet (b) en pépinière à l'ombre, les plus dé-

6c. licates en pot (c) pour être plantées en Septembre à demeure ou dans la pépinière d'attente. (Voir plus loin.) En les semant plus tôt, on serait exposé à leur voir donner tardivement des fleurs médiocres qui fatigueraient le pied et l'exposeraient à périr pendant l'hiver. Quelques-unes, d'une végétation plus lente, ne fleuriraient pas la

6d. seconde année sous notre climat, si on ne les avait semées dès le mois de mai (d) de l'année précédente. Les soins qu'exigent leurs semis sont les mêmes que pour les plantes annuelles. Cependant la conservation pendant l'hiver des plantes qui seraient

6e. vivaces en serre (e), exige quelques soins particuliers. On les repique ou on les plante en pot pour les hiverner. Un châssis pourvu d'un coffre plus élevé que d'ordinaire, placé à bonne exposition à la surface du sol, et entouré de litière pour empêcher le froid d'y pénétrer, ou pour le mieux enterré dans le sol, ce qui dispense avec avantage du soin d'avoir des réchauds, sera un abri très convenable pour ces plantes. Des paillassons ou, à défaut de paillassons, de la litière, des feuilles sèches ou de la mousse, seront placés sur les panneaux pendant la nuit et par les temps rigoureux. On arrosera quand la terre l'exigera, mais on le fera modérément de peur que la pourriture, fort à craindre alors, ne fasse périr les plantes. On renouvellera l'air sous les châssis quand le temps sera beau. Au printemps, les pots seront renversés et les plantes placées en motte à leur destination. Une serre tempérée, une chambre au midi, pourront souvent remplacer les châssis

DES PLANTES VIVACES.

Culture.

7a.   La plupart se sèment en Juin-Juillet à l'ombre, en pépinière en planche (a) ou en

7b. pot (b) pour être plantées à demeure à l'automne.

7c.   On sème en Avril-Mai en pépinière en planche (c) ou en pot (d) celles dont le dé-

7d. veloppement est lent, ou celles qui, semées dès cette époque, peuvent fleurir dans la

7e. même année, comme des plantes annuelles (e); en vue de ce dernier résultat, on en

7f. sème même quelques espèces sur couche en Avril (f).

D'autres, semées en été ou à l'automne, ne lèvent qu'au printemps suivant et ne fleurissent que la troisième ou la quatrième année; celles-là surtout seront semées dans des pots et transplantées dans la pépinière d'attente jusqu'à ce que leur force

DES PLANTES VIVACES.

fasse pressentir leur floraison prochaine. Il en est, cependant, comme le *Podalyre de la Caroline* et d'autres de la famille des Légumineuses, dont les racines pivotantes s'opposent à une transplantation tardive.

Les soins qu'exigent les semis des plantes vivaces sont les mêmes que pour les plantes annuelles et bisannuelles. Après le développement des plantes, dans l'intérêt de leur conservation, l'on a soin de couper les montants à fleurs dès que celles-ci sont passées et de diviser les touffes quand elles deviennent trop fortes. Il y en a d'autres, comme les *Dahlia*, les *Balisiers*, etc., dont les racines, arrachées à l'automne, se conservent pendant l'hiver dans une cave ou dans un endroit sain à l'abri de la gelée pour être replantées au printemps suivant (g.

PÉPINIÈRE D'ATTENTE.

C'est une plate-bande dans un endroit écarté du jardin, destinée à recevoir : 1º les plantes annuelles a) dont les racines sont composées de fibres déliées, comme les *Reines-Marguerites*, les *Balsamines*, et qui supportent la transplantation jusqu'au moment où elles vont fleurir. Au lieu de les planter au sortir de la couche ou de la pépinière sur des plates-bandes qu'elles occuperaient longtemps sans les orner, elles sont élevées dans la pépinière d'attente et plus tard transplantées en motte avec soin à la place qu'elles doivent définitivement occuper. 2º Les plantes bisannuelles (b), qui souvent ne pourraient être plantées à l'automne sur les plates-bandes qu'elles trouveraient encore occupées. Elles sont alors placées dans la pépinière d'attente et transplantées à demeure au printemps. 3º Les plantes vivaces (c) qui se trouveraient dans le même cas que les bisannuelles et celles qui font attendre longtemps leur floraison.

OBSERVATIONS *Ces indications de cultures, écrites pour les environs de Paris, devront subir, dans leur application, les modifications nécessaires, selon qu'on opérera sous des climats plus tempérés ou plus froids*

ALBUM.

Pour mettre le public à même de connaître les fleurs nouvelles, nous avons créé un *Album* où figurent les plantes les plus intéressantes, peintes par plusieurs des meilleurs artistes, notamment par Madame Champin et Mademoiselle Coutance.

LISTE GÉNÉRALE*.

		Couleurs des fleurs	Hauteur des plantes en centimètres	Durée des plantes.	Culture.	Époque de floraison
ACANTHE. ACANTHUS. *Acanthacées* Juss.						
sans épines.	mollis.	Blr.	80	♃	7ca.	jt a.
ACHILLÉE. ACHILLEA. *Actinophytes.* Neck.						
Composées. Rül.						
à feuille de filipen-						
dule.	filipendulina. . .	J.	120	♃	7ca.	jt a.
à grande feuille.	macrophylla, . .	Bl.	50	♃	7ca.	jt a.
musquée.	meschata. . . .	Bl.	60	♃	7ca	a.
ACONIT. ACONITUM. *Multisiliqueuses.* Lin.						
Renonculacées. Juss.						
casque ou napel.	napellus. . .	B.	120	♃	7db.	m jt.
— à fleur blanche.	— var. alba . .	Bl.	120	♃	7bd.	m jt
à grande fleur.	cammarum. . .	V.	90	♃	7db.	j s.
anthora.	anthora. . . .	Jp	50	♃	7db.	jt a.

ACTEA. ACTEA. *Catizophytes.* Neck.
        Renonculacées. Juss.
  à épi.   spicata. . . . .   Bl. 50 ♃ 7db.   m j.

ADLUMIA. Voyez Fumeterre.

ADONIDE. ADONIS. *Acascophytes.* Neck.
        Renonculacées. Juss.
  d'été.   æstivalis. . . .   Rs. 30 ⊙ 5a. 4abc.   m a. j jt
  de printemps.   vernalis. . . .   J. 20 ♃ 7db.   ms av.

ÆTHIONEMA. AETHIONEMA. *Crucifères.* R. Br.
  du Mont-Liban.   coridifolium. .   Ro. 20 ♃ 7ca.   j jt.

AGATHEA AGATHEA. *Composées.* Rchbch.
  spatulé.   spathulata? . .   G. 15 ⊙ 3bc.   jt s.

AGERATUM. AGERATUM. *Composées.* Rül.
  odorant.   odoratum. . .   Bp. 40 ⊙ 2b. 3bc.   j jt. jt s.
  du Mexique.   mexicanum. . .   Bp. 40 ⊙ 2b. 3bc.   j a. jt .

AGROSTEMMA. V. Coquelourde.

AGROSTIDE. AGROSTIS. *Achyrophytes.* Neck.
        Graminées. Lin.
  gentille.   pulchella. . .   Ap. 10 ⊙ 4br.   jt a.

ALCEA rosea. V. Rose-trémière.

ALISMA. V. Plantain d'eau.

ALONSOA. ALONSOA. *Scrophulariées.* Juss.
  à feuille incisée.   incisifolia. Hemi-
                   tomus urticæf.   F. 40 ⊙♃ 2abc.   jt o.

ALSTROEMÈRE ALSTROEMERIA. *Amaryllidées.* R. Br.
  du Chili.   pulchella? .   Vé. 100 ♃ 7d.   jt s

ALTHOEA rosea. V. Rose-trémière.

ALYSSE ALYSSUM. *Brachytophytes.* Neck.
        Crucifères. Juss.
  corbeille d'or.   saxatile. . . . .   J. 30 ♃ 7ca.   av m.
  odorante.   maritimum. Cly-
                 peola marit. .   Bl. 20 ⊙ 5a. 5b. 4bc.   m s.
  de Wiersbeck.   Wiersbeckii .   J. 40 ♃ 7ca.   m j.
  des montagnes.   montanum. . .   J. 20 ♃ 7ca.   m j.
  à feuille de giroflée.   incanum. Berte-
                 roa incana .   Bl. 50 ♃ 7ca.   j jt.

ALYSSE. ALYSSUM.

deltoïde. — deltoïdeum. Aubrietia deltoïdea. L. 20 ♃ 7ca. — m a.

AMARANTE. AMARANTHUS. *Aclitrophytes*. Neck.

Amarantacées. Juss.

tricolore (*la feuille*). — tricolor. . .Fle. R.J.V. 100 ☉ 2b.3c. — j s.

bicolore (*la feuille*). — bicolor. . . .Fle. J. Vd. 100 ☉ 2b.3c. — j s.

à feuille rouge. — sanguineus. . Fle. Rb. 90 ☉ 2b.3c. — j o.

queue de renard. — caudatus.. . . . A. 80 ☉ 4c. — jt s.

— jaune. — —flore luteo.. . Jv. 80 ☉ 4c. — jt s.

mélancolique. — melancholicus. . A. 100 ☉ 4c. — jt s.

gigantesque — speciosus. . . . A. 170 ☉ 4c. — jt s.

AMARANTE. CELOSIA. *Aclithrophytes*. Neck.

Amarantacées. Juss.

crête de coq, Passe velours, variée. — cristata, mixtæ varietates. . . Vé. 60 ☉ 2bc. — j s.

— *par couleurs sé-parées.* — — *separatis co-loribus*.... 60 ☉ 2bc. — j s.

amarante. — violette.
pourpre. — chamois.
rouge pivoine. — jaune d'or.
feu. — — pâle.
rose. — à feuille rouge.

— naine. — — nana. . . . A. 20 ☉ 2bc — j s.

AMARANTOÏDE. GOMPHRENA. *Aclithrophytes*. Neck.

Amarantacées. Juss.

Immortelle à bouton, violette. — globosa violacea. V. 30 ☉ 2b — jt s.

— couleur de chair. — — carnea. . . C. 30 ☉ 2b. — jt s.

— blanche. — — alba.. . . . Bl. 30 ☉ 2b. — jt s.

— panachée. — — variegata.. . Bl. V. 30 ☉ 2b. — jt s.

AMBRETTE. V. Centaurée musquée.

AMÉTHYSTÉE. AMETHYSTEA. *Corytophytes*. Neck.

Labiées. Adans.

bleue. — cœrulea. . . . Bf. 40 ☉ 4bc. — jt a.

AMMOBIUM. AMMOBIUM. *Composées*. R. Br.

ailé. — alatum.. . . . Bl. 50 ☉♃ 2abc. 6abc — a s. j a.

AMPHEREPHIS. AMPHEREPHIS. *Composées*. Less.

intermédiaire. — intermedia, Centra-therum interm. Vp. 40 ☉ 2abc. — jt o

ANACYCLUS. ANACYCLUS. *Actinophytes.* Neck.
    Composées. Rül

bicolore (*le dessous des pétales R*).	radiatus. Anthemis valentina.	J.	50	☉	3b.			j s.

ANAGALLIS. (*Mouron*). **ANAGALLIS.** *Anagallides.* Adans.
    Lysimachyées. Juss.

à grande fleur, rose.	grandiflora ? *vel* collina. . . .	Ro.	30	☉♃	5c. 2ab. 1b.	m s.	jt s.
— superbe.	— superba. . .	Rv.	30	☉♃	5c. 2ab. 1b.	m s.	jt s.
— carné.	— carnea.. . .	C.	30	☉♃	5b. 2ab. 1b.	m s.	jt s.
— bleu.	— coerulea. . .	B.	30	☉♃	5b. 2ab. 1b.	m s.	jt s.
de Philips.	Philipsi.	B.	30	☉♃	5b. 2ab. 1b.	m s.	jt s.
frutescent.	fruticosa. . . .	R.	30	☉♃	5b. 2ab. 1b.	m s.	jt s.

ANCOLIE. AQUILEGIA. *Multisiliqueuses.* Lin.
    Renonculacées. Juss.

des jardins variée.	hortensis mixtæ varietates. . .	Vé.	100	♃	7ca.	m j.
— panachée	— variegata. .	Pé. Vé.	100	♃	7ca.	m j.
de Sibérie.	sibirica.. . . .	B.	30	♃	7ca.	m j.
du Canada.	canadensis. . .	R.O.	50	♃	7ca.	m j.
des Alpes.	alpina.	B.	30	♃	7ca.	jt a.

ANCHUSA. V. Buglosse.

ANDROSACE. ANDROSACE. *Anagallides.* Adans.
    Lysimachyées. Juss.

carnée.	carnea.	C.	10	♃	7db.	j jt.
de Vitalli.	vitalliana. . . .	J.	10	♃	7db.	m j.

ANÉMONE. ANEMONE. *Acascophytes.* Neck.
    Renonculacées. Juss.

des fleuristes.	coronaria. . . .	Vé.	20	♃	7db.	m j.
du Japon.	japonica. . . .	Cm.	30	♃	7db.	jt s.
à feuille de vigne.	vitifolia.	Bl.	80	♃	7db.	j s.
pulsatilie.	pulsatilla. . .	V.	20	♃	7db.	av. j
de printemps.	vernalis.. . . .	Bl.	20	♃	7db.	j jt
des Alpes.	alpina.	Bl.	20	♃	7db.	j jt.
— couleur de soufre.	— sulphurea. .	Js.	20	♃	7db.	j jt.
à fleur de narcisse.	narcissiflora.. .	Blr.	20	♃	7db	j jt.
fraise.	fragifera. . . .	Blr.	20	♃	7db.	m
de Haller.	Halleri.	Rov.	20	♃	7db.	j jt.

ANODA cristata   V. Sida.

ANSERINE. CHENOPODIUM. *Aizoïdées.* Rchbch.
  belvédère.   scoparium, Lin. Ko-
                    chia scop. Schr.   Vd. 150 ⊙   4bc.   jt s.
  ambroisie, ou thé du
    Mexique.   ambrosioïdes.   Vd. 130 ⊙   4bc.   jt s.

ANTHADENIA. ANTHADENIA. *Bignoniacées.* Juss.
  sesamoïde.   sesamoïdes. Sesamum
                    brasiliense. .   L. 90 ⊙   2bd.   jt a.

ANTHEMIS. ANTHEMIS *Composées.* Loud.
  d'Arabie.   arabica. Cladan-
                    thus proliferus.   S. 60 ⊙   4b. 3b.   jt s.

ANTHEMIS. ANTHEMIS. *Actinophytes.* Neck.
            Composées. Rül.
  des teinturiers.   tinctoria . . .   S. 150 ♃ 7ea.   j a.
  valentina. V. Anacyclus.
  grandiflora. V. Chrysanthème vivace.
  parthenioïdes. V. Matricaire mandiane

ANTIRRHINUM. V. Muflier.

APONOGETON. APONOGETON. *Alismacées.* Rchbch.
            Nayades. Juss.
  à double épi.   distachyum. . .   Bl. 15 ♃ 7db.   m jt.

AQUILEGIA. V. Ancolie.

ARABETTE. ARABIS. *Antiscorbuticees.* Crantz.
            Crucifères. Juss
  des Alpes.   alpina . . . .   Bl. 20 ♃ 7db.   av m.

ARENARIA. V. Sabline.

ARGÉMONE. ARGEMONE *Catizophytes.* Neck.
            Papaveracées. Juss.
  à grande fleur.   grandiflora. . .   Bl 100 ⊙ 2abd. 1d. jt s.
  blanc jaunâtre.   ochroleuca. . .   Blj. 70 ⊙ 2abd. 1d. jt a.
  du Mexique.   mexicana lutea.. Jp. 70 ⊙ 2abd. 1d. jt a.
  — à fleur blanche.   — alba. . . . .   Bl 70 ⊙ 2abd. 1d. jt a.

ARROCHE. ATRIPLEX. *Aizoïdées.* Rchbch.
  très rouge *(la feuille* . hortensis var. at-
                    rosanguinea. Fle. Rs. 180 ⊙ 4bcd.   s.

ARUM. V. Gouet.

ASCLÉPIAS. ASCLEPIAS. *Apocynées.* Juss.

incarnat.	incarnata. . . .	Ro.100 ♃	7ca.	jt a.
tubéreux.	tuberosa. . . .	O. 60 ♃	7ca.	a s.
à la ouate. _	syriaca.	Blr.140 ♃	7ca.	jt s.
de Curaçao.	curassavica. . .	E 60 ⊙♃ 1b.		s o.
frutescent.	fruticosa. Lin. Gomphocarpus frut. R. Br. . .	Bl. 170 ⊙♃ 1b.		s o.

ASPHODÈLE. ASPHODELUS. *Anthericées.* Rûl.
               Asphodelées. Juss.

rameux.	ramosus. . . .	Bl 60 ♃	7cb.	m.

ASTER. ASTER. *Actinophytes.* Neck.
               Corymbifères. Juss

fragile.	tenellus. . . .	Bp. 20 ⊙	2b.	jt s.
des Alpes.	alpinus . . .	B. 20 ♃	7ca.	j jt.
agréable.	decorus.	Vp. 120 ♃	7ca	s o
et plus. autres espè- ces et var. vivaces.	et plur. alterae species et var. perennes.			

sibiricus. V. Grindelia de Sibérie.
de la Chine. V. Reine Marguerite.

ASTRAGALE. ASTRAGALUS. *Légumineuses* Adans.

galégiforme.	galegiformis . .	Jv. 60 ♃	7ca.	j jt.

ASTRAGALUS hamosus. V. Vers.

ASTRANCE. ASTRANTIA. *Scadiophytes.* Neck
               Ombellées. Lin.

petite.	minor.	Blr. 30 ♃	7db	j jt.

ATRIPLEX. V. **ARROCHE.**

AUBERGINE SOLANUM. *Arcythophytes* Neck.
               Solanacées. Juss

blanche *ou* plante aux œufs.	ovigerum. . . .	Fr. 40 ⊙	2bc.	a o.

AUBRIETIA. V. Alysse deltoïde.

AURICULE. V. Oreille d'ours.

BAGUENAUDIER COLUTEA *Légumineuses.* R. Br.

d'Éthiopie.	frutescens. Suther- landia frut. .	E. 70 ⊙♃ 6abc. 2abc.		m j. a s.
à grande fleur.	— grandiflora .	E. 80 ♂♃ 6abc		m j.

Balisier. Canna. *Amomées.* Kunth
    Cannées. Juss.

Canne d'Inde.	indica. . . .	R. 160	♃	7fg. 1b.	a o.
à feuille étroite.	angustifolia. . .	E. 60	♃	7fg. 1b.	a o.
orange.	aurantiaca . . .	O. 120	♃	7fg. 1b.	a o.
écarlate.	coccinea. . . .	E. 60	♃	7fg. 1b.	a o.
gigantesque.	gigantea. . . .	R. J. 150	♃	7fg. 1b.	a o.
flasque.	flaccida	J. 150	♃	7fg. 1b.	a o.
plusieurs autres es- pèces et variétés.	plur. aliæ var. et species.				

Balsamine. Impatiens. *Amorphophytes.* Neck.
    Géraniées. Juss.

double par couleurs
  séparées.
	balsamina fl. pl.
	  separ. col.. .
		⊙	2b. 3bc. S	t o.

blanche camellia.	à rameau feu.
blanc pur.	— couleur de chair.
couleur de chair camellia.	— violette.
— soufré.	— lie de vin.
rose.	naine blanche.
gris de lin camellia.	— feu.
feu camellia.	— violette.
— clair.	— lie de vin.
violette camellia.	— panachée feu.
cramoisie camellia.	— — violet.
panachée feu.	— — lie de vin.
— violet.	variée en mélange des diffé- rentes variétés.
— — clair hâtive.	
— — — tardive.	— — panachée.
ponctuée ou marbrée feu.	— — ponctuée.
— violet.	— — à rameau.
— — clair.	— — naine.
— cramoisi.	

Baptisia. V. Podalyre.

Barbeau. V. Centaurée bleuet des jardins.

Barkhausia. V. Crépis rose.

Bartonia. Bartonia. *Loasacées.* Kunth.

doré.	aurea	J. 60	⊙	4bc.	jt a.

Basilic. Ocimum. *Corytophytes.* Neck.
    Labiées. Juss.

gros vert.	basilicum. . .	Fod. 30	⊙	2b.	j s.
— violet.	— violaceum. .	Fod. 30	⊙	2b	j s.

BASILIC. OCIMUM.

fin vert.	basilicum mini- mum. . . .	Fod.	30	⊙	2b.	j s.
— violet.	— — violaceum	Fod.	30	⊙	2b.	j s.
à feuille de laitue.	— bullatum...	Fod.	30	⊙	2b	j s.
et plus. aut. espèces.	— et plur. aliæ species.					

BAUME du Pérou. V. Mélilot.

BELLE-DE-JOUR. CONVOLVULUS. *Campanulées*. Rül.
    Convolvulacées. Juss.

Liseron tricolore.	tricolor . . .	B. Bl. J.	40	⊙	4bcd.	j s.
— à fleur blanche.	— fl. albo. . .	Bl. J.	40	⊙	4bcd.	j s.
— à fleur violette.	— fl. violaceo..	V. Bl. J.	40	⊙	4bcd.	j s.
— à grande fleur.	— var. grandifl.	B. Bl. J. 40	⊙	4bcd.	j s.	
— à fleur panachée.	— fl. variegato.	Bl.Pé.B.	40	⊙	4bcd	j s.

BELLE-DE-NUIT. MIRABILIS. *Darinyphytes*. Neck.
    Nyctaginées. Juss.

variée.	jalapa.	Vé.	60	⊙♃	3bc.	4bc.	jt s.
par couleurs sépa- *rées.*	— *separatis co-* *loribus* . . .		60	⊙♃	3bc.	4bc.	jt s.
rouge.	blanche.						
jaune.	— panachée rouge.						
— panachée rouge.							
odorante *ou* Jalap du Mexique.	longiflora . . .	Bl.	60	⊙♃	3bc	4bc.	jt s.
— violette.	— violacea. . .	V.	60	⊙♃	3bc.	4bc.	jt s
hybride.	hybrida	Blr.	60	⊙♃	3bc.	4bc.	jt s.

BELLIS perennis. V. Paquerelte.

BENOITE. GEUM. *Calyciflores*. Roy.
    Rosacées. Juss.

ecarlate.	coccineum . . .	E.	50	♃	7ca.	av m.
du Chili.	chiloënse. . . .	E.	50	♃	7ca.	av m.
des montagnes.	montanum . . .	J.	20	♃	7ca.	j jt.
rampante.	reptans	J.	20	♃	7ca.	jt a
des ruisseaux.	rivale.	Rbr.	30	♃	7ca.	j jt.

BERCE. HERACLEUM. *Scadiophytes*. Neck.
    Ombellifères. Lin.

de Sibérie.	sibiricum...	Fle. Vd.	60	♃	7db.	m j.
à grande feuille.	amplifolium...	Fle. 180	♃	7db	j jt.	
des Alpes.	alpinum	Fle. 80	♃	7db.	jt.	

BERTEROA. V. Alysse à feuille de Giroflée.

BETA. V. Poirée.

BLETTE. BLITUM. *Atriplicées.* Juss
effilée, Épinard fraise.   virgatum . . . Fr.R. 60 ⊙   4bc.   jt a.
en tête.   capitatum . . . Fr.R. 60 ⊙   4bc.   jt a.

BLEUET des jardins. V. Centaurée.

BLITUM. V. Blette.

BRACHYCOME. BRACHYCOME. *Composées.* Rchbch.
à feuille d'ibéride.   iberidifolia. . . Vé. 40 ⊙   2abc. 1b.   jt s. j a
— à fleur blanche.   — alba.   Bl. 40 ⊙   2abc. 1b.   jt s. j a

BRASSICA. V. Chou.

BRIZE. BRIZA. *Achyrophytes* Neck.
    Graminées. Lin.
à grande fleur.   maxima. . .   Ap. 50 ⊙   4b.   j jt.
tremblante.   media. . . . .   Ap. 50 ♃   7ca.   m jt.

BROWALLE. BROWALLIA. *Luridées.* Lin.
    Scrophulariées. Juss.
droite bleue.   elata coerulea. .   B. 30 ⊙   2bc.   j s.
— blanche.   — alba . . . .   Bl. 30 ⊙   2bc.   j s.
tombante.   demissa . . . .   B. 30 ⊙   2bc.   j s.

BRUNELLE. PRUNELLA. *Corytophytes.* Neck.
    Labiées. Juss.
à grande fleur.   grandiflora. . . Bv.   20 ♃   7ca   jt s.

BRYONE. BRYONIA. *Bryoniées.* Adans.
    Cucurbitacées. Juss.
dioïque.   dioica. . . . .   Blj. 250 ♃   7ca.   j jt.

BUGLOSSE. ANCHUSA. *Asperifoliées.* Lin.
    Boraginées. Juss.
toujours verte.   sempervirens .   B. 100 ♃   7ca.   m jt.
d'Italie.   italica. . . . .   B. 130 ♃   7ca.   m a.

BUGRANE ONONIS. *Cassiées.* Rchbch.
    Légumineuses. Juss.
à feuille ronde.   rotundifolia. . . Ro. 50 ♃   7db.   m jt.
gluante.   natrix. . . . J.Sé.R. 50 ♃   7db.   m j.

BUTOME. BUTOMUS. *Alismacées.* Vent. Dec.
    Jonçacées. Juss.

Jonc-fleuri.   umbellatus. . .   Blr. 70 ♃   7db.   j a.

CACALIE. CACALIA. *Composées.* Dec.
écarlate.   sonchifolia coccinea. Emi-
     lia sonchif. Dec. .   E. 40 ☉   4bc. 3bc.   jt s.
orange.   — aurantiaca. . .   O. 40 ☉   4bc. 3bc.   jt s.

CALAMPELIS. V. Eccremocarpus

CALANDRINIA. CALANDRINIA. *Portulacées.* Kunth.
élégant.   elegans *vel* discolor. Ro. 50 ☉♃ 4bc. 3bc.   jt s.
à grande fleur   grandiflora. . .   Ro. 60 ☉♃ 4bc. 3bc.   jt s.
speciosa.   speciosa . . .   Ro. 10 ☉   4bc.   j jt.
pilosiuscula.   pilosiuscula. . .   Ro. 15 ☉   4bc.   j jt.

CALCÉOLAIRE. CALCEOLARIA. *Chasmatophytes.* Neck.
    Scrophulariées. Juss.
à feuille ailée.   pinnata . . .   Jc. 60 ☉♂ 2bc.   jt s.
— de plantain.   suberecta *vel* planta-
     ginea. . .   J. 40 ♂♃ 6bce.   m j.
mélange de belles
     variétés hybrides.   Youngii hybrida. Vé. 60 ♂♃ 6bce.   m j.

CALEBASSE de pélerin. V. Courge pélerine.

CALENDULA. V. Souci.

CALLICHROA. CALLICHROA. *Composées.* Fisch.
platyglossa.   platyglossa . .   J. 30 ☉   3bc. 4bc.   jt a.

CALLIOPSIS. V. Coreopsis.

CALLISTEPHUS. V. Reine Marguerite.

CALOMERIA. V. Humea.

CALTHA. CALTHA. *Multisiliqueuses.* Lin.
    Renonculacées. Juss.
des marais.   palustris. . .   J. 30 ♃   7ca.   av m.

CALYXHYMENIA. V. Oxybaphus.

CAMPANULE. CAMPANULA. *Campanulacées.* Juss.
pyramidale bleue.   pyramidalis. . . Bp. 150 ♃   7ca.   jt s.
— blanche.   — alba . . .   Bl. 150 ♃   7ca.   jt s.
à grosse fl., Violette
     marine, *violette.*   medium.   . V. 60 ♂   6d.   j jt.

CAMPANULE. CAMPANULA.

à grosse fl., violette					
double.	medium fl. pleno.	V. 60 ♂	6d.		j jt.
— blanche	— alba	Bl. 60 ♂	6d.		j jt.
— — double.	— — fl. pleno.	Bl. 60 ♂	6d.		j jt.
miroir de Vénus.	speculum. Prisma-tocarpus spec.	V. 30 ⊙	5a. 5b. 4bc.		m. j jt.
— lilas.	— lilacea . . .	L. 30 ⊙	5a. 5b. 4bc.		m. j jt.
— blanche.	— alba	Bl. 30 ⊙	5a. 5b. 4bc.		m. j jt.
de Lore bleue.	Lorei cœrulea .	V. 30 ⊙	5a. 5b. 4bc.		m j. js.
— à fleur blanche.	— alba	Bl. 30 ⊙	5a. 5b. 4bc.		m j. js.
à grande fleur.	grandiflora. Wah-lenbergia grandifl.	Bf. 30 ♃	7ca.		jt a.
pentagonale.	pentagonia. . .	Bp. 30 ⊙	5a. 5b. 4bc.		m. j jt.
hérissée.	peregrina . .	B. 60 ♃	7db.		j jt.
à feuille d'orvale.	lamiifolia. . . .	Blj. 90 ♃	7db.		j jt.
élevée.	grandis.. . . .	Bp. 60 ♃	7db.		j jt.
à feuille en cœur.	carpatica. . . .	B. 40 ♃	7db.		j a.
barbue.	barbata.. . . .	Bp. 50 ♃	7db.		jt a.
gantelée.	trachelium. . .	B. 120 ♃	7db.		jt a.
en épi.	spicata.	Bp. 30 ♃	7db.		jt a.
de Bologne.	bononiensis. . .	Bf. 60 ♃	7db.		a s.
en thyrse.	thyrsoïdea. . .	Blj. 60 ♃	7db.		j jt.
en tête.	cervicaria . . .	B. 90 ♃	7db.		j a.
à large feuille.	latifolia. . . .	Bf. 120 ♃	7db.		jt a.

CANNA indica. V. Balisier.

CANTUA. V. Ipomopsis.

CAPUCINE. TROPOEOLUM. *Amorphophytes*. Neck.
Géraniées. Juss.

grande.	majus. . . J.O.Mé.P. 180 ⊙	4bc. 3bc.		j s.
— brune.	— brunneum . . Rbr. 180 ⊙	4bc. 3bc.		j s.
— panachée.	— variegat. J.O.Sé.P. 180 ⊙	4bc. 3bc.		j s.
petite.	minus. . . J.O.Mé.P. 30 ⊙	4bc. 3bc.		j s.
des Canaries. Paga-rille.	aduncum *vel* pe-regrinum . . Jp. 300 ⊙	4bc. 3bc.		jt n.

CAPSICUM. V. Piment.

CARDIOSPERME. CARDIOSPERMUM. *Acascophytes*. Neck.
Sapindacées. Juss.

Pois de cœur	halicacabum . . Bl. V. 120 ⊙	2b.		jt.

CARDUUS. V. Chardon.

CARLINE. CARLINA. *Cynarocéphalées*. Juss.
  acaule.   acaulis . . . .   Jp. 20 ♃   7db.   j .

CARTHAME. CARTHAMUS. *Cynarocéphalées*. Juss.
  des teinturiers. Sa-
      fran bâtard.   tinctorius . . .   O. 90 ⊙   4bc.   a s.

CASSE. CASSIA. *Cæsalpinées*. Spach.
             Légumineuses. Adans. Dec.
  du Maryland.   marylandica . .   J. 90 ♃   7db.   a o.

CATANANCHE. V. Cupidone.

CELOSIA. V. Amarante crête de coq.

CELSIA. CELSIA. *Luridées*. Lin. *Solanées*. Juss.
  arcturus.   arcturus. . . .   Jp. 80 ⊙♂ 6abe.   j a.

CENTAURÉE. CENTAUREA. *Cynarocéphalées*. Juss.
  Bleuet des jardins *ou*
    barbeau varié.   cyanus . . . .   Vé. 90 ⊙   5a. 4ca.   m jt. jt s.
    — panaché.   — var.variegata Pé. Vé. 90 ⊙   5. 4ca.   m jt   jt s.
    — vivace.   montana. . . .   B. 50 ♃   7ca.   m j.
  musquée, ambrette
      violette.   moschata. . . .   Vp. 50 ⊙   5a. 5b. 4bc. 3bc. j o. jt o.
    — blanche.   — alba .   Bl. 50 ⊙   5a. 5b 4bc. 3bc. j o. jt o.
  odorante *ou* barbeau
      jaune.   Amberboï. . . .   Jc. 50 ⊙   2b. 3bc. 4bc.   j a.
  macrocéphale.   macrocephala. .   J. 90 ♃   7ca.   jt a.
  d'Amérique.   americana. . .   L. 120 ⊙   5c. 2b.   jt s. a. s.
  plumeuse.   phrygia. . . .   Ro 50 ♃   7ca.   jt a.
  rhapontica. V. Rhapontic.

CENTRANTHUS. V. Valériane rouge.

CENTRATHERUM. V. Ampherephis.

CEPHALARIA alpina. V. Scabieuse des Alpes.

CHARDON. CARDUUS. *Composées*. Adans.
  Marie.   marianus.Silybum
                   marianum.Fle.Mé.Bl. 150 ⊙   4b.   j o.

CHARIEÏS. V. Kaulfussia.

CHATAIGNE d'eau. V. Mâcre.

CHEIRANTHUS. V. Giroflée.

CHEIRANTHUS maritimus. V. Julienne de Mahon.

Chelone. V. Galane.

Chenille. **Scorpiurus.** *Légumineuses.* Adans.

petite.	muricata. . . .	Fr. 15 ⊙	4b.	a s.
grosse.	vermiculata. . .	Fr. 15 ⊙	4b.	a s.
rayée.	sulcata.	Fr. 15 ⊙	4b.	a s.
velue	subvillosa . . .	Fr. 15 ⊙	4b.	a s.

Chenopodium. V. Anserine.

Choenostoma. **Choenostoma.** *Scrophularinées.* Benth.

polyanthum.	polyanthum . .	Blr. 20 ⊙ ♃ 2ab.		j a.

Choin. **Schoenus.** *Calamariées.* Lin.

Cyperoïdées. Juss.

marisque.	mariscus. . . .	Br. 120 ♃	7ca.	j a.

Chou. **Brassica.** *Crucifères.* Adans.

Siliqueuses Rül.

frisé vert.	oleracea acephala crispa. . . .	Fle. 120 ⊙♂	3bc.	n jv.
— rouge.	— — —atropur- purea. . . .	Fle. B. 120 ⊙♂	3bc.	n jv.
— prolifère *ou* à ai- grette.	— — — prolifera.	Fle. 60 ⊙♂ 3bc.		n jv.
— panaché rouge.	— — —variegata rubra. .	Fle. Pé. R. 60 ⊙♂	3bc.	n jv.
— — blanc	— — — — alba. . . . . . Fle. Pé. Bl.	60 ⊙♂	3bc.	n jv.
lacinié panaché rouge	— — laciniata va- riegata rub. Fle. Pé. R.	60 ⊙♂	3bc.	n jv.
— — blanc.	— — — — alba . . . . . . Fle. Pé. Bl.	60 ⊙♂	3bc.	n jv.
palmier.	— — palmifolia.	Fle. 180 ⊙♂	6ab	n jv.
frisé de Naples	caulo-rapa nea- politana. . .	Fle. 40 ⊙♂	3bc.	n jv.
rave à feuille d'arti- chaut.	— cynarœfolia.	Fle. 40 ⊙♂	3bc.	n jv.

Chrysanthème. **Chrysanthemum.** *Actinophytes.* Neck.

Corymbifères. Juss.

des jardins.	coronarium. . .	J. 120 ⊙	3bc. 4bc. 8.	j s.
—à fleur blanche.	— album . . .	Bl. 120 ⊙	3bc. 4bc. 8.	j s.
— à tuyau.	—fistulosum. .	J. 120 ⊙	3bc. 4bc. 8.	j s.
à carène.	carinatum . .	Bl. J. N. 50 ⊙	4bc. 3b. 1c. 8.	j a.
—jaune.	— luteum. . . .	J. N. 50 ⊙	4bc. 3b. 1c. 8.	j a.

CHRYSANTHÈME. CHRYSANTHEMUM.

vivace.Chrysanthème	indicum. Anthemis					
des Indes.	grandiflora. .	Vé.100	$\mathrm{2\!\!\!/}$	7ca.		o n.
carné.	carneum. . . .	C. 60	$\mathrm{2\!\!\!/}$	7ca.		j jt.

CHRYSEÏS. V. Escholtzie.

CHRYSOCOME. CHRYSOCOMA. *Composées.* Rül.

doré.	coma aurea. . .	J. 50	$\mathrm{2\!\!\!/}$	6be.		m jt.

CHRYSURUS cynosuroïdes. V. Lamarckia.

CINÉRAIRE. CINERARIA. *Composées.* Rül.

maritime.	maritima. . . .	J. 60	$\mathrm{2\!\!\!/}$	6ae.2b.		s o.
mélange de très belles						
var. hybrides.	hybrida ? . . .	Vé. 60	$\mathrm{2\!\!\!/}$	6bce.		m jt.

CIRSE. CIRSIUM. *Composées.* Adans. Loud.

oléracé.	oleraceum . . .	Jp.100	$\mathrm{2\!\!\!/}$	7ca.		jt a.

CLADANTHUS. V. Anthemis d'Arabie.

CLARKIA. CLARKIA. *Onagrées.* Rchbch.

pulchella rose.	pulchella. . . .	Ro. 50	⊙	5a. 5b. 4b. 3b.		m jt.	j s.
— blanc.	— alba.	Bl. 50	⊙	5a. 5b. 4b. 3b.		m jt.	j s.
élégant.	elegans	Rov. 60	⊙	4b.		m jt.	jt s.
— à fleur double.	— flore pleno. .	Rov. 60	⊙	4b.		m jt.	j s.
— — carnée.	— — carneo . .	C. 60	⊙	4b.		m jt.	j s.
— — — double.	— — — pleno .	C. 60	⊙	4b.		m jt.	j s.

CLÉOME. CLEOME. *Amorphophytes.* Neck.
        Capparidées. Juss.

épineux.	spinosa.	Blr. 100	⊙	2bd.		jt o.
violet.	arborea ? *vel*					
	pungens. . .	V.120	⊙$\mathrm{2\!\!\!/}$	2bd.		jt o.
pentaphylle.	pentaphylla. Gynan-					
	dropsis pentaph.	Ro. 60	⊙	2bd. 4c.		j jt

CLINTONIA. CLINTONIA. *Lobeliacées.* Dougl.

pulchella.	pulchella . . B. Pé. Br.	15	⊙	4bcd.		j s
élégant.	elegans . . . . Bp. Bl.	15	⊙	4bcd.		j s.

CLYPEOLA. V. Alysse odorante.

COBÉE. COBEA. *Bignoniacées.* Spr.

grimpante.	scandens. . . .	V. 800	⊙$\mathrm{2\!\!\!/}$	1d. 2bd.		jt o.
à stipules.	stipularis. . .	Vv. 800	⊙$\mathrm{2\!\!\!/}$	1d. 2bd.		jt o.

Coix. V. Larmes de Job.

Colchique. Colchicum. *Colchicacées.* Dec.
        Joncées. Juss.
  d'automne.   autumnale. . . Rov. 10 ♃ 7db.   m j.

Collinsia. Collinsia. *Personées.* Rchbch
  à grande fleur.   grandiflora. . . Bv. 30 ⊙ 5a. 5b. 4b. 3b. m j. j a.
  bicolore.   bicolor. . . . . L. Bl. 30 ⊙ 5a. 5c. 4bc. 3bc. m j. j a

Collomia. Collomia. *Polemoniacées.* Rchbch.
  écarlate.   coccinea . . . . E. 30 ⊙ 4bc.   j s.
  à grande fleur.   grandiflora. . . S. 70 ⊙ 4bc.   j a.

Coloquinte. Cucurbita. *Calyciflores.* Roy.
  orange.   melopepo aurantia. Fr. 400 ⊙ 4bc. 3bc. j o.
  poire.   — pyriformis. . Fr. 400 ⊙ 4bc. 3bc. j o.
  — blanche.   — — alba. . . Fr. 400 ⊙ 4bc. 3bc. j o.
  — rayée.   — — striata . . Fr. 400 ⊙ 4bc. 3bc. j o.
  galeuse.   — verrucosa . . Fr. 400 ⊙ 4bc. 3bc. j o.
  maliforme   — maliformis. . Fr. 400 ⊙ 4bc. 3bc. j o.
  et plus. autres var. — et plur. aliæ var.

Colutea. V. Baguenaudier.

Comméline. Commelina. *Commelinées.* Rül.
        Joncées. Juss.
  tubéreuse.   tuberosa. . . . B. 50 ⊙♃ 7fg.   j s.

Concombre. Cucumis. *Calyciflores.* Roy.
  serpent.   flexuosus. . . . Fr.   ⊙ 3bc.   jt s.
  métulifère.   metuliferus.   Fr. 250 ⊙ 4bc. 3bc. jt s.
  Dudaïm.   Dudaïm *vel* odo-
                ratissimus . . Fr. 200 ⊙ 4b. 3b   s o.
  Chaté.   Chate. . . . . Fr. 90 ⊙ 4b. 3b. s o.
  d'attrape. V. Momordique.

Convallaria. V. Muguet.

Convolvulus tricolor. V Belle de Jour.

Convolvulus althœoides. V. Ipomée à feuille d'Althœa.

Coquelicot. Papaver. *Catizophytes.* Neck.
        Papaveracées. Juss.
  double varié.   rhœas. . . . . Vé. 60 ⊙ 5a. 4b   m j. j a.

COQUELOURDE. AGROSTEMMA. *Alsines.* Adans.
   Caryophyllées. Juss.

rouge.   coronaria. Lychnis
    coronaria . .   P. 90 $\mathpzc{4}$ 7a.   j a.

blanche.   — alba . . . .   Bl. 90 $\mathpzc{4}$ 7a.   j a.

— à cœur rose.   — var. albo rosea. Bl. Ro. 90 $\mathpzc{4}$ 7a.   jt a.

fleur de Jupiter.   flos Jovis. Lych-
    nis flos Jovis.   Ro. 50 $\mathpzc{4}$ 7ca.   j.

rose du ciel.   cœli rosa. Viscaria
    cœli rosa. Lych-
    nis cœli rosa.   Ro. 30 ⊙   4bc.   j a.

COQUERET. PHYSALIS. *Arcytophytes.* Neck.
   Solanacées. Juss.

officinal.   Alkekengi . . . Fr. R. 60 ⊙$\mathpzc{4}$ 3bc. 4bc.   u s.

CORBEILLE d'or. V. Alysse corbeille d'or.

CORÉOPSIS. COREOPSIS. *Actinophytes.* Neck.
   Corymbifères. Juss.

élégant.   tinctoria. Calliopsis
    tinctoria. . . J. Br. 80 ⊙   5a. 5b. 3bc.   j jt. jt a.

— pourpre.   — purpurea . . Br. J. 80 ⊙   5a. 5b. 3bc.   j jt. jt a.

— à fleur tuyautée.   — fl. fistulosa . Br. J. 80 ⊙   5a. 5b. 3bc.   j jt. jt a.

d'Ackermann.   Ackermanni . . J. Br. 80 ♂   6ab.   j jt.

peint *ou* de Drum-   picta *vel* diver-
   mond.   sifolia. . . .   J. 60 ⊙   5a. 5b. 3bc.   j jt. jt a.

CORNARET. V Martynia.

CORYDALIS glauca. V. Fumeterre toujours verte.

COSMOS. COSMOS. *Composées.* Riit.

bipinné.   bipinnatus . . Ro. 100 ⊙   2b.   j o.

COTON. GOSSYPIUM. *Bombacées.* Schultz.
   Malvacées. Juss.

herbacé.   herbaceum. . . Fr. 80 ⊙$\mathpzc{4}$ 2bc.   s o.

nankin.   fulvum? . . . . Fr. 80 ⊙$\mathpzc{4}$ 2bc.   s o

COURGE. CUCURBITA. *Calyciflores.* Roy.

cougourde *ou* cale-   leucantha lagena-
basse de pélerin.   ria . . . . .   Fr. 300 ⊙   4bc. 3bc.   j o.

plate de Corse.   — depressa. . . Fr. 300 ⊙   4bc. 3bc.   j o.

poire à poudre.   — pyriformis. . Fr. 300 ⊙   4bc. 3bc.   j o.

Courge. Cucurbita.

syphon.	leucantha sypho.	Fr. 300	⊙	4bc. 3bc	j o.
massue d'Hercule.	— clavœformis.	Fr. 300	⊙	4bc. 3bc.	j o.
melon du Malabar.	citrullus ? . . .	Fr. 40	⊙	4bc. 3bc.	j o.
à la moëlle.	pepo	Fr. 40	⊙	4b. 3b.	s o.
d'Italie var. coureuse	— italica. . . .	Fr. 40	⊙	4b. 3b.	s o

Couronne impériale. V. Fritillaire.

Crambé. Crambe. *Brachytophytes.* Neck?
       Crucifères. Juss.

juncea.	juncea.	Bl. 60	♃	7ca.	j jt.

Crépis. Crepis. *Cichoracées.* Juss.

rose.	rubra. Barkhausia rubra . . .	Ro. 30	⊙	5a. 5b 4bc. 3bc.	m j. j jt.
blanc.	— alba.. . . .	Bl. 30	⊙	5a. 5b 4bc. 3bc.	m j. j jt.
barbu.	barbata. Tolpis barbata. . .	J. 50	⊙	4bc. 3bc.	j s

Croix de Jérusalem. V. Lychnis croix de Jérusalem.

Crucianelle Crucianella. *Aparines.* Adans.
       Rubiacées. Juss.

à long style.	stylosa. . . .	Ro. 30	♃	7ca.	j jt.

Cucumis. V. Concombre.

Cucurbita pepo. V. Courge à la moëlle et d'Italie.

Cucurbita melopepo. V. Coloquinte.

Cucurbita leucantha. V. Courge.

Cuphea. Cuphea. *Lythrariées.* Juss.

silénoïde.	silenoïdes. . . .	Vf. 50	⊙	2bc.	j o.
visqueux.	viscosissima. . .	Ro. 40	⊙	3bc.	j s.

Cupidone. Catananche. *Cichoracées.* Juss.

bleue.	cœrulea. . . .	B. 100	♃	7ca. 7f.	j s. a s.
blanche.	— alba *vel* bicolor. Bl. Vf. 100		⊙	7ca. 7f.	j s. a s.

Cyclamen. Cyclamen. *Darinyphytes.* Neck.
       Lysimachyées. Juss.

d'Europe.	europeum. . .	Ro. 10	♃	7b.	a s.
— blanc.	— album. . .	Bl. 10	♃	7b.	a s.

Cymbalaire. Linaria. *Chasmatophytes.* Neck.
       Scrophulariées. Juss.

Cymbalaire.	cymbalaria. . .	Bp. 15	♃	7b.	m o

Cynoglosse. Cynoglossum. *Asperifoliées.* Lehm.
    Boraginées. Juss.

à feuille de lin.	linifolium. Om- phalodes linif.	Bl. 30 ⊙	4bc.		jt s.

Dahlia. Dahlia. *Composées.* Rchbch.

double varié.	pinnata. . . .	Vé. 200 ♃	2b. 7g.		j o.
à fleur de cosmos.	cosmœflora *vel* glabrata. . .	Ro. 100 ♃	2b.		j o.

Datura. Datura. *Daryniphytes.* Neck.
    Solanées. Juss.

Pomme épineuse d'E- gypte double, à fleur violette.	fastuosa fl pleno violaceo. . .	V. 100 ⊙	2bc.		a o.
— à fleur blanche.	— alba. . . .	Bl. 100 ⊙	2bc.		a o.
cornu.	ceratocaula. . .	Bl. 60 ⊙	4bc.		jt o.
Metel.	Metel	Bl. 100 ⊙	2bc.		jt o.

Delphinium. V. Pied-d'alouette.

Dianthus. V. OEillet.

Dictamnus. V. Fraxinelle.

Didiscus. V. Hugélie.

Digitale. Digitalis. *Luridées.* Lin.
    Scrophulariées. Juss.

pourpre.	purpurea. . . .	Rov. 130 ♃	7ca.		j jt.
— à fleur rose.	— rosea. . . .	Ro. 130 ♃	7ca.		j jt.
— à fleur blanche.	— alba.	Bl. 130 ♃	7ca.		j jt.
paniculée.	paniculata? *vel* orientalis?. .	Fv. 130 ♃	7ca.		j jt.
jaune.	lutea.	Fv. 80 ♃	7ca.		j jt.
à grande fleur.	ochroleuca. Dig. ambigua *vel* grandiflora. .	Jp. 120 ♃	7ca.		j jt.
ferrugineuse.	ferruginea. . .	Fv. 80 ♃	7ca.		j jt.

Dimorphoteca. V. Souci pluvial.

Dolique. Dolichos. *Cyteophytes.* Neck.
    Légumineuses. Adans.

d'Egypte. Lablab à fleur violette.	lablab fl viola- ceo. . . .	V. 300 ⊙	2bd.		s o.
— — à fl. blanche.	— fl. albo. .	Bl. 300 ⊙	2bd.		s o.

Doronic. Doronicum. *Actinophytes.* Neck.
   Composées. Rül.

à feuille de paque-rette.	bellidiastrum.	Bl. 20 ♃	7db.	j jt.
herbe aux panthères.	pardalianches.	J. 60 ♃	7db	m jt.

Douce-amère. V. Morelle Douce-amère.

Draba. V. Drave.

Dracocéphale. Dracocephalum. *Corytophytes.* Neck.
   Labiées. Adans.

de Moldavie.	moldavicum	V. 60 ⊙	3bc. 4bc.	jt a.
— à fleur blanche.	— fl. albo.	Bl. 60 ⊙	3bc. 4bc.	jt a.
de Virginie *ou* cataleptique.	virginianum.	Ro. 100 ♃	7ca.	jt a.
des Canaries.	canariense.	Vp. 100 ♃	7ca.	jt a.
d'Autriche.	austriacum.	Bv. 30 ♃	7ca.	j jt.

Drave. Draba. *Antiscorbuticées.* Crantz.
   Crucifères. Juss.

faux-aizoon.	aizoïdes	J. 10 ♃	7db.	m j.

Dryas. Dryas. *Calyciflores.* Roy.
   Rosacées. Dec.

à huit pétales.	octopetala	Bl. 5 ♃	7db	jt a.

Eccremocarpus. Eccremocarpus. *Bignoniacées.* Juss.

grimpant.	scaber. Calampelis scaber.	E. 400 ♃	6ce.	j o.

Emilia. V. Cacalie.

Enothère. Œnothera. *Calycanthemées.* Lin.
   Onagrées. Adans.

blanche.	tetraptera.	Bl. 30 ⊙♃	4bcd.	jt a.
odorante *ou* à grande fleur.	grandiflora *vel* suaveolens.	J. 120 ⊙	5a. 3b. 4b.	j a. jt s.
de Sellow.	Sellowii.	J. 75 ⊙	4b.	jt a.
à feuille de pissenlit.	taraxacifolia *vel* acaulis.	Blr. 30 ♂	2b. 6a.	s o. j s
pourpre.	purpurea. Godetia purpurea.	V. 30 ⊙	4bc. 3bc.	jt a
de Romangzoff.	Romangzoffii. Godetia Romangz.	V. 30 ⊙	4bc. 3bc.	jt a.

ENOTHÈRE. ŒNOTHERA.

de Drummond.	Drummondii . .	J. 60 ♃	7l.	jt o
rose.	rosea.	Ro. 30 ♃	7e.	j o.

EPERVIÈRE. HIERACIUM. *Cichoracées.* Juss.

orangée.	aurantiacum . .	O. 30 ♃	7ca	j s.

EPILOBE. EPILOBIUM. *Calycanthemées.* Lin.
Onagrées. Juss.

à épi. Laurier St-Antoine.	spicatum. . .	Rov. 130 ♃	7ca.	j jt.
à feuille de romarin.	rosmarinifolium.	Rov. 60 ♃	7db.	j jt.
hérissé.	hirsutum . . .	Rov. 50 ♃	7a.	j s

EPINARD fraise. V. Blette.

ERIGERON. ERIGERUM. *Actinophytes.* Neck.
Composées. Rül.

glabre.	glabellum. . . .	L. 30 ♃	7ca.	j jt.

ERINE. ERINUS. *Pédiculaires.* Juss.

des Alpes.	alpinus	Vp. 10 ♃	7db.	m j.

ERODIUM. V. Géranium musqué.

ERYNGIUM. V. Panicaut.

ERYSIMUM. ERYSIMUM. *Antiscorbuticées.* Crantz
Crucifères. Juss.

de Petrowski.	petrowskianum.	O. 50 ⊙	5a. 3be. 4be.	m j. j a.

ESCHOLTZIE. ESCHOLTZIA. *Loasées.* Dec.
Papaveracées. Chmss.

de Californie.	californica. Chryseis californica	O. 40 ⊙♃	5a. 5b. 4be.	j jt. jt s.
orangée	crocea.	O. 40 ⊙♃	5a. 5b. 4be.	j jt. jt s.

EUCHARIDIUM. EUCHARIDIUM. *Onagrées.* F. M.

concinnum.	concinnum. . .	Ro. 30 ⊙	4be.	j jt.
à grande fleur.	grandiflorum. .	Ro. 30 ⊙	4be.	j jt.

EUCNIDE. EUCNIDE. *Loasacées?*

à fleur de bartonia.	bartonioïdes . .	J. 20 ⊙	2bd.	jt a.

EUPHORBE. EUPHORBIA. *Euphorbiées.* Juss.

panachée.	variegata. .	Fle. Pé. Bl. 60 ⊙	4be.	a s.

EUTOCA. EUTOCA *Asperifoliées.* Rchbch.

visqueux.	viscida.	B. 40 ⊙	4be.	jt a.
de Menzies.	Menziesii. . . .	L. 30 ⊙	4be.	jt a.

FEDIA Cornucopiæ. V. Valériane d'Alger.

FÉRULE. FERULA. *Ombellifères.* Lin.

commune.	communis. . .	J. 300	♃	7ca.	ɉ jt.
de Naples.	neapolitana. Thapsia garganica.	Jp. 60	♃	7ca.	ɉ jt.
de Tanger.	tingitana. . . .	J. 360	♃	7ca.	i jt.

FICOÏDE. MESEMBRIANTHEMUM. *Aizoïdées.* Spr.
Ficoïdées. Juss.

tricolore.	tricolor. . . . Ro. Bl. P.	10	⊙	2b.	ɉ jt
glabre.	glabrum. . . . Vp.	30	⊙	2b.	j s.
de l'après-midi.	pomeridianum. . J.	20	⊙	2b.	jt
glaciale.	cristallinum. . . Fle.	20	⊙	2b. 3c. 4cd.	j

FLÈCHE d'eau. V. Sagittaire.

FLUTEAU V. Plantain d'eau.

FRANCOA. FRANCOA. *Dilleniacées.* Schultz.

appendiculé.	appendiculata. . Ro.	60	♃	6abe.	m j
à feuille de laitron.	sonchifolia. . . Ro.	60	♃	6abe.	m j.

FRAXINELLE. DICTAMNUS. *Diplosantherées.* Roy.
Rutacées. Juss.

rouge.	albus fl. rubro. . Ro.	60	♃	7ca.	ɉ jt
blanche.	— fl. albo. . . . Bl.	60	♃	7ca.	i jt.

FRITILLAIRE. FRITILLARIA. *Coronariées.* Lin.
Liliacées. Juss.

couronne impériale.	imperialis . . . R. 120		♃	7db	ms av.

FUMETERRE. FUMARIA. *Amorphophytes.* Neck.
Papaveracées. Juss.

toujours verte.	sempervirens. Corydalis glauca. J. Ro.	60	♃	3bc. 4bc.	ɉ jt.
fongueuse	fungosa. Adlumia cirrhosa. Blr.	500	♃	6abe	j s.
jaune.	lutea. . . . . Jp.	40	♃	7ca.	m s

FUNKIA. V. Hémerocalle.

GAILLARDE. GAILLARDIA. *Composées.* Loud.

vivace.	perennis. . . . Jp.	40	♃	7ca.	j a.
peinte.	picta. . . . . J. P.	50	♃	6abe. 2b.	j s. jt

Galane. Chelone. *Bignoniacées.* Juss.

barbue.	barbata.. . . .	E. 100	♃	6abc.	j s.

Galega. Galega. *Cyteophytes.* Neck.
Légumineuses. Adans.

officinal.	officinalis.	Bp. 130	♃	7ca	j a.
— blanc.	— alba.	Bl. 130	♃	7ca.	j a.
d'Orient.	orientalis	Bp. 100	♃	7ca.	j a.

Galeobdolon. Galeobdolon. *Corytophytes.* Neck.
Labiées. Adans.

jaune.	luteum	J. 50	♃	7ea.	av j.

Gentiane. Gentiana. *Apocynées.* Adans.

à grande fleur.	acaulis. . . .	B. 5	♃	7db.	m jt.
des Alpes.	alpina.	Bf. 5	♃	7db.	j jt.
asclépiade.	asclepiadea. . .	B. 30	♃	7db.	jt a.
des champs.	campestris. .	Vp. 15	♃	7db.	a s.
croisette.	cruciata. . . .	B. 20	♃	7db.	jt a.
jaune.	lutea.. . . .	J. 150	♃	7db.	j jt.
ponctuée.	punctata. . . .	J. Pct. 10	♃	7db.	jt.
pourpre.	purpurea. . . .	J. Pct. 10	♃	7db.	j jt.
printanière	verna.	Bf. 5	♃	7db.	j jt.
utriculeuse.	utriculosa. . . .	Bf. 5	♃	7db.	j jt
amarelle.	amarella *vel* ger-manica. . . .	V. 40	⊙	7db.	a s.
de Baviere.	bavarica. . . .	Bf. 10	♃	7db.	jt a
perce-neige.	nivalis.	B. 5	♃	7db.	jt a.
pneumonanthe.	pneumonanthe .	B. 40	♃	7db.	jt o.

Geranium Geranium. *Colomnifères.* Roy.
Géraniacées. Juss.

sanguin	sanguineum.. .	Rs 40	♃	7ca.	m a.
des prés.	pratense. . . .	Bv. 50	♃	7ca	m a.
musqué.	moschatum. Ero-dium moschat.	Ro. 30	⊙	3b.	j a.
herbe à Robert.	robertianum . .	Rov. 40	⊙	7ca.	av o.

Gesse. Lathyrus. *Cyteophytes.* Neck.
Légumineuses. Roy.

de Tanger.	tingitanus. . . .	Cm. 130	⊙	4bc.	jt a.
du lord Anson	sativus var. .	Bp. 100	⊙	4bc.	jt a.

GESSE. LATHYRUS.

azurée.	azureus?. . . .	Bp. 60 ⊙	4bc.		jt a.
d'Espagne.	clymenum. . .	Bbr. 130 ⊙	4bc.		jt a.
heterophylle.	heterophyllus.	C. 130 ♃	7ca.		i jt.

odorante. V Pois de senteur.

GEUM. V. Benoite.

GICLET. V. Momordique Concombre d'attrape.

GILIA. GILIA. *Polemoniacées.* Spr.

à fleur en tête.	capitata. . .	B. 100 ⊙	5a. 5b. 4bc. 3bc.	m j.	jt a.
— — blanc.	— alba	Bl. 100 ⊙	5a. 5b. 4bc. 3bc.	m j.	jt a.
tricolore.	tricolor. . . .	B. J. Br. 40 ⊙	4bc.		m j.	jt a.
— rose.	— rosea. . . .	Ro. 40 ⊙	4bc.		m j.	jt a.
— bleu.	— cœrulea. . .	B. 40 ⊙	4bc.		m j.	jt a.
— blanc.	— alba.	Bl. 40 ⊙	4bc.		m j.	jt a.

androsacea. V. Leptosiphon androsace.

aggregata. V. Ipomopsis.

GIROFLÉE. CHEIRANTHUS. *Crucifères.* Cass.

quarantaine variée.	annuus. Mathiola			
	annua. . . .	Vé. 30 ⊙	1b. 2b. 4bc.	j a. j

anglaise par couleurs séparées.

rouge.	lilas pâle
— brun.	— foncé rougeâtre.
— brique clair.	bleu clair.
— — foncé.	violette
— cuivré.	— hâtive.
cramoisie.	— bleuâtre.
carmin pâle.	canelle foncé.
— foncé.	mordoré foncé.
rose hâtive.	brun noir hâtive.
— tardive.	— foncé naine.
à fleur de pommier.	chamois.
couleur de chair.	— foncé.
— de cendre foncé.	blanche.
ardoisée.	ETC., ETC.

demi-anglaise ou à rameau par couleurs séparées.

blanche.	à feuille de Cheiri, Kiris
canelle.	ou grecque rouge à
cramoisie.	grand rameau.
brun noir.	ETC., ETC.

GIROFLÉE. CHEIRANTHUS.

Quarantaine anglaise à feuille de Cheiri, Kiris ou grecque par couleurs séparées.

blanche.	roux.
— nacrée.	rouge foncé.
— très naine.	bleu pâle.
couleur de chair.	violet foncé.
fleur de pêcher.	brun foncé.
	ETC., ETC.

quarantaine cocardeau rouge.	annuus var.. .	Cm.	♂	6be.	av a.
— — blanc.	— var.. . . .	Bl.	♂	6be.	av a.
grosse espèce *ou* bisannuelle rouge.	incanus ruber. Mathiola inc.	Cm.	♂	6dae.	av a
— blanche.	— albus. . .	Bl.	♂	6dae.	av a.
— violette.	- violaceus.. .	V.	♂	6dae.	av a.
— grecque *ou* Kiris bisannuelle rouge.	— grœcus.	Cm.	♂	6dae.	av a.
jaune	Cheiri.	J.	♂ ♃	6ab. 8.	av m.
- brune.	— bruneus. . .	Br.	♂ ♃	6ab. 8.	av m.
— — double.	— — fl. pleno.	Br.	♂ ♃	6ab. 8.	av m.
— — — naine.	— — — nanus.	Br.	♂ ♃	6ab. 8.	av m.
— violette.	— violaceus . .	V.	♂ ♃	6ab. 8.	av m.
— — double.	— — fl. pleno.	V.	♂ ♃	6ab. 8.	av m.
— — — naine.	— — — nanus.	V.	♂ ♃	6ab. 8.	av m.

GIROFLÉE de Mahon. V. Julienne.

GLACIALE. V Ficoïde.

GLAYEUL. GLADIOLUS. *Ensatées.* Lin
Iridées. Juss.

perroquet.	psittacinus. . .	R. J. 100	♃	7bd.	a s.
hybride.	hybridus. . . .	Vé. 100	♃	7bd.	a s.

GODETIA. GODETIA *Calycanthemées.* Lin.
Onagrées. Adans.

rubicond.	rubicunda. . .	Ro. Cm. 60 ⊙	5a. 5b. 4bc. 3bc.	m jt. j jt.
lie de vin.	vinosa.	Ro. 50 ⊙	5a. 5b. 4bc. 3bc.	m jt. j jt.
lepida.	lepida.	Ro. 30 ⊙	5a. 5b. 4bc. 3bc.	m jt. j jt.

purpurea et Romangzoffii. V. Enothère.

GOMPHOCARPUS. V. Asclépias frutescent.

GOMPHRENA. V. Amarantoïde.

Gossypium. V. Coton.

Gouet. Arum. *Aracées.* Schott.
    Aroïdées. Rül. Juss.
 serpentaire.   dracunculus . . N. 90 ♃ 7db.   j jt.

Grammanthes. Grammanthes. *Corniculatées.* Rchbch.
    Crassulacées. Dec.
 gentianoïdes.   gentianoïdes.. . J. R. 10 ⊙ 2bd.   m jt.

Grammatocarpus. V. Scyphante.

Gremil. Lithospermum. *Asperifoliées.* Lin.
    Boraginées. Juss.
 bleu et pourpre. purpureo - cœru-
       leum . . . . B. P. 50 ♃ 7a.   m a.

Grindelia. Grindelia *Composées.* Rchbch.
 de Sibérie.   sibirica. Aster si-
       biricus. . . . L. 60 ♃ 7a. 7f. m j. a s.

Gueule de loup. V. Muflier.

Gynandropsis. V. Cléome pentaphylla.

Gypsophila. Gypsophila. *Alsines.* Adans.
    Caryophyllées. Lin.
 élégant.   elegans.. . . . Bl. 45 ⊙ 4bc.   jt.

Haricot. Phaseolus. *Cyteophytes.* Neck.
    Légumineuses. Adans.
 d'Espagne rouge. coccineus. . . . E. 300 ⊙♃ 4bc. j s.
 — blanc.   albus. . . . . Bl. 300 ⊙♃ 4bc. j s.
 — bicolore. bicolor. . . . . E. Bl. 300 ⊙♃ 4bc. j s.

Hebenstreitia. Hebenstreitia. *Aggregatées.* Lin.
    Selaginées. Juss.
 à feuille menue. tenuifolia. . . . Bl. 30 ⊙ 2b.   jt s.

Hedysarum coronarium. V. Sainfoin.

Hedysarum crista galli. V. Hérisson.

Hélianthème. Helianthemum. *Catizophytes.* Neck.
    Cistées. Adans. Juss.
 taché.   guttatum . . . J. Br. 30 ⊙ 7db. j a.
 pulvérulent. pulverulentum . Bl. 30 ♃ 7db. j a.

Helianthus. V. Soleil

HÉLIOPHILE HELIOPHILA. *Crucifères.* Juss.

à feuille d'arabette.	araboïdes.'. . .	B. 20 ⊙	4b.		jt a

HÉLIOTROPE. HELIOTROPIUM. *Asperifoliées.* Lin.
        Boraginées. Juss.

du Pérou	peruvianum. . .	L. 70 ♃	2abc. 1b.	a s.
à grande fleur.	grandiflorum. .	L. 70 ♃	2abc. 1b.	a s.
de Voltaire.	voltairianum. .	Bf. 60 ♃	2abc. 1b.	a s.

HELYCHRISUM. V. Immortelle à bractées.

HÉMEROCALLE. HEMEROCALLIS. *Amaryllidées.* St. Hil.
        Hémerocallidées. Juss.

bleue.	cœrulea. Funkia			
	cœrulea . . .	B. 50 ♃	7db.	m jt.
jaune.	flava	Jp. 60 ♃	7db.	j.

HEMITOMUS. V. Alonsoa.

HERACLEUM. V. Berce.

HERBE A ROBERT. V. Geranium robertianum.

HÉRISSON. HEDYSARUM. *Légumineuses.* Déc.

crête de coq.	crista galli. Ono-			
	brichys cr. g.	Fr. 15 ⊙	4b.	a s.

HESPERIS. V. Julienne.

HIBISCUS. V. Ketmie.

HIERACIUM. V. Epervière.

HUGÉLIE. HUGELIA. *Ombellifères.* Rchbch.

bleue.	cœrulea. Didiscus			
	cœr. Trachy-			
	mène cœrul.	B. 80 ⊙	4bc.	a s.

HUMEA. HUMEA. *Composées.* Rchbch.

élégant.	elegans. Calomeria			
	amarantoïdes.	Cv. 100 ♂	6abc.	j s.

HYACINTHUS orientalis. V. Jacinthe.

HYACINTHUS non scriptus. V. Scille.

IBERIS. V. Thlaspi.

IMMORTELLE. XERANTHEMUM. *Composées.* Rül.

annuelle violette.	annuum violaceum.	Vp. 60 ⊙	5a. 5b. 4bc. 3bc.	j a. jt o.
— blanche.	— album. . . .	Bl. 60 ⊙	5a. 5b. 4bc. 3bc.	j a. jt o.

IMMORTELLE. HELICHRYSUM. *Composées.* Adans.

à bractées.	bracteatum. . .	J. 120 ⊙	5ac. 2b. 3b. 8.	j o. jt o.
— à fleur blanche.	— album. . . .	Bl. 120 ⊙	5ac. 2b. 3b. 8.	j o. jt o.
— — monstrueuse.	— monstruosum.	J. 120 ⊙	5ac. 2b. 3b. 8.	j o. jt o.
à grande fleur.	macranthum. .	Ro. 60 ⊙	5ac. 2b. 3b. 8.	j o. jt o.

à bouton. V. Amarantoïde.

IMPATIENS. IMPATIENS. *Amorphophytes.* Neck.
Géraniées. Juss.

glanduligère.	glanduligera. .	Rov. 160 ⊙	4bc. 3bc. ·	jt s.
— à fleur blanche.	— alba. . .	Bl. 160 ⊙	4bc. 3bc.	jt s.
ne me touchez pas	noli me tangere.	J. 60 ⊙	5. 4b.	jt a.
à trois cornes.	tricornis. . . .	J. 80 ⊙	5a. 4b.	jt s.

balsamina. V. Balsamine.

INCARVILLEA. INCARVILLEA. *Bignoniacées.* Juss.

de la Chine.	sinensis. . . .	Ro. 150 ♂	6abe.	jt a.

IPOMÉE. QUAMOCLIT. *Convolvulacées.* Chois.

Quamoclit. Jasmin rouge de l'Inde.	vulgaris	E. 125 ⊙	2bd.	a o.
écarlate.	coccinea. . . .	E. 300 ⊙	4bc.	jt o.
jaune.	— lutea. . . .	O. 300 ⊙	4bc.	a o.

IPOMÉE. IPOMOEA. *Campanacées.* Lin.
Convolvulacées. Juss.

pourpre. Volubilis varié.	purpurea mixtæ var. Pharbitis purpurea . .	Vé. 250 ⊙	4bc.	j s.
— panaché.	— variegata . .Pé. Vé. 250 ⊙	4bc.	j s.
— plusieurs couleurs séparées.	— plur. separati colores.			
Nil *ou* liseron de Michaux	Nil.	B. 500 ⊙	4bc.	j s.
à feuille de lierre.	hederacea . . .	B. 200 ⊙	4bc	j s.
épineuse.	bona nox. . . .	Bl. 300 ⊙	2bd.	s o.
à feuille d'althœa.	althœoïdes. Convolvulus alth.	Ro. 60 ⊙ ♃	4bc.	jt a.

IPOMOPSIS. IPOMOPSIS. *Convolvulacées.* Rchbch.
Polemoniacées. Spr.

élégant.	elegans. Cantua coronopifolia. Gilia aggregata	E. 150 ♂	6be.	j s.
— var. nankin.	— var lutea. .	J. 150 ♂	6be.	j s.

Iris. Iris. *Ensatées.* Lin. *Iridées.* Juss.

hybride.	hybridæ var. .	Vé.	50 ♃	7ca.	j jt.
d'Angleterre.	xiphioïdes. . . .	Vé.	40 ♃	7ca	j jt.
d'Espagne.	xiphium. . . .	Vé.	50 ♃	7db.	j.
germanique.	germanica . . .	Vé.	60 ♃	7db.	av m.
faux-açore.	pseudo-acorus. .	J.	70 ♃	7db.	j jt.
naine.	pumila.	Vé.	20 ♃	7db.	av m.

Isotoma. Isotoma. *Lobeliacées.* ?

axillaire.	axillaris. . . .	L.	25 ⊙	6abde. 3bc.	jt s. a s.

Jacinthe. Hyacinthus. *Asphodélées.* Juss.

cultivée *ou* d'Orient.	orientalis ● . .	Vé.	30 ♃	7db.	ms av.

Jalap du Mexique. V. Belle de nuit.

Jasmin rouge de l'Inde. V. Ipomée Quamoclit.

Joubarbe. Sempervivum. *Corniculatées.* Rchbch.
Crassulacées. Dec.

des toits.	tectorum. . . .	Ro.	40 ♃	7db.	jt a.

Julienne. Hesperis. *Crucifères.* R. Br.

Giroflée de Mahon.	maritima. Malco- mia maritima.	Rov.	30 ⊙	5a. 4bcd.	m j. j a.
— à fleur blanche.	— fl. albo. . .	Bl.	30 ⊙	5a. 4bcd.	m j. j a.
simple des jardins.	matronalis. . .	Vp.	60 ♃	7ca.	m jt.

Jurinée. Jurinea. *Composées.* Less

ailée.	alata	Ro. 100	♂	6ab.	j jt.

Kaulfussia. Kaulfussia. *Composées.* Dec.

amelloïde.	amelloïdes. Cha- rieis amelloïdes	B.	20 ⊙	5c. 2ab. 1b.	av m. j a.

Ketmie. Hibiscus. *Colomnifères.* Lin.
Malvacées. Juss

vésiculeuse.	trionum . . . Blj.	Br.	50 ⊙	4bc. 3bc.	jt s.
d'Afrique.	africanus *vel* ve- sicarius. . . Blj.	Br.	50 ⊙	4bc. 3bc.	jt s.
des marais.	palustris. . . .	Bl.	60 ♃	7ca.	jt s.

Kiris. V. Giroflée à feuille de Cheiri.

Kochia. V. Anserine.

Lablab. V. Dolique.

LAMARCKIA. LAMARCKIA. *Graminées.* Spr.
 doré.   aurea. Chrysurus
                          cynosuroïdes .   Ap. 20 ⊙   4b.   i jt.

LARMES. COIX. *Achyrophytes.* . Neck.
             Graminées. Lin.
 de Job.   lacryma. . . .   Fr. 60 ⊙   4bc. 3bc.   j s

LATHYRUS. V. Gesse.

LATHYRUS latifolius. V. Pois vivace.

LATHYRUS odoratus. V. Pois de senteur.

LAURIER Saint-Antoine. V. Epilobe à épi.

LAVATÈRE. LAVATERA. *Colomnifères.* Lin.
             Malvacées. Juss. .
 à grande fleur rose.   trimestris rosea.   Ro. 100 ⊙   4bc. 3bc.   jt s.
 — blanche.   — alba. . . . .   Bl. 100 ⊙   4bc. 3bc.   jt s.
 en arbre.   arborea. . . . .   V. 200 ♃   2b.   o.
 olbia.   olbia. . . . . .   Ro. 160 ⊙♃ 6abe.   j a.

LEPTOSIPHON LEPTOSIPHON. *Convolvulacées.* Rchbch.
             Polemoniacées. Spr.
 androsace.   androsaceus. Gilia
                          androsacca. .   L. 30 ⊙   5a. 5c. 4bcd.   m j. j s.
 — à fleur blanche.   — var. alba. . . Bl. 30 ⊙ 5a. 5c. 4bcd.   m j. j s.
 à grande fleur.   densiflorus. . . L. 30 ⊙   5a. 5c. 4bc.   m j. j a.

LEUCERIA. LEUCERIA. *Composées.* Less.
 à fleur de seneçon.   senecioïdes. . .   Bl. 40 ⊙   3bc.   j a.

LEUCOÏUM. V. Nivéole.

LEUCOPSIDIUM. LEUCOPSIDIUM. *Composées.* Dec.
 des Arkansas.   arkanseum. . .   Bl. 60 ⊙♃ 2ab. 1b.   jt o. j o.

LIATRIDE. LIATRIS. *Composées.* Pers.
 scarieuse.   scariosa. . . .   V. 60 ♃   7ca.   s.

LIGUSTICUM. V. Livèche.

LILIUM. V. Lis.

LIMAÇON MEDICAGO. *Cyteophytes.* Neck.
             Légumineuses. Roy.
 Limaçon.   polymorpha. . .   Fr. 15 ⊙   4b.   a s.

LIMNANTHES. LIMNANTHES. *Limnanthées*. R. Br.

de Douglas.	Douglasii . . .	Bl. J.	15 ⊙	4bcd.	j s.
— à grande fleur.	— var. grandifl.	Bl. J.	15 ⊙	4bcd	j s

LIN. LINUM. *Amaranthées*. Adans.
                Caryophyllées. Juss.

vivace de Sibérie.	sibiricum. . . .	B.	60 ♃	7a.	j a.
des montagnes.	montanum. . .	B.	30 ♃	7db.	j jt.

LINAIRE. LINARIA. *Chasmatophytes*. Neck.
                Scrophulariées. Juss.

pourpre *ou* à fleur

d'orchis.	bipartita. . . .	V.	20 ⊙	4bcd.	j o.
à feuille de genet.	genistifolia. . .	J.	100 ♃	7a.	jt a.
à trois feuilles.	triphylla. . . .	Ro.	30 ⊙	4bcd.	j o.
à grande fleur.	triornitophora. .	Rov.	60 ♃	7ca.	j jt.
des Alpes.	alpina.	Bp. E.	10 ♂♃	7db.	j a.

cymbalaria. V. Cymbalaire.

LIS. LILIUM. *Coronariées*. Lin.
                Liliacées. Adans.

blanc.	candidum . . .	Bl.	120 ♃	7db.	j.
à feuille lancéolée.	lancifolium.	Bl.	120 ♃	7db	jt a.
et autres espèces.	et aliæ species.				

LIS D'EAU. V. Nenuphar.

LISERON tricolore. V. Belle de jour.

LISERON. V. Ipomée.

LITHOSPERMUM. V. Gremil.

LIVÈCHE. LIGUSTICUM. *Scadiophytes* Neck.
                Ombellifères. Lin.

du Péloponnèse.	peloponnesiacum.	Bl.	130 ♃	7cb.	j.

LOASA. LOASA. *Caprifoliées*. Adans.
                Loasées. Juss.

orangé.	aurantiaca *vel* la- teritia. . . .	O.	200 ⊙♂	2d. 6be.	j o. a o.
— d'Herbert.	— var. Herberti.	O.	200 ⊙♂♃	2d. 6be.	j o. a o.
tricolore	tricolor. . . .	J. Bl. R	80 ⊙	3cb. 4bc.	j jt.

LOBELIA. LOBELIA. *Campanulées.* Adans.
    Lobéliacées. Juss.

Français	Latin				Codes
erinus.	erinus.	Bp.	10	⊙	2ab.1b.3d.6abe. m a. j s. a o
grêle.	gracilis *vel* Nutallii.	Blr.	10	♂	2ab 1b.3d.6abe. m a. j s. a o
syphilitique.	syphilitica . . .	B.	50	♃	7db. a o.
rameux.	ramosa.	B.	30	⊙♃	3bc. jt a
cardinal.	cardinalis. . . .	C.	70	♃	7db m s.

LOPEZIA. LOPEZIA. *Lopeziées.* Spach.
    Onagrariées. Cassin.

Français	Latin				Codes
en couronne.	coronata. . . .	Ro.	60	⊙	4bc.3bc. j o.

LOPHOSPERMUM. LOPHOSPERMUM. *Scrophularinées.* Don.

Français	Latin				Codes
grimpant.	scandens. . . .	Ro.	200	⊙♃	6abe.2b. jt o. a o.
d'Anderson.	Andersoni . . .	Cm.	200	⊙♃	6abe.2b. jt o. a o.

LOTIER. TETRAGONOLOBUS. *Cyteophytes.* Neck.
    Légumineuses. Dec.

Français	Latin				Codes
cultivé.	purpureus. . . .	E.	30	⊙	4bc. jt a.

LOTIER. LOTUS. *Cyteophytes.* Neck.
    Légumineuses. Dec.

Français	Latin				Codes
Saint-Jacques.	Jacobeus. . . .	M.	60	⊙	2ab.1b. jt s.

LUNAIRE. LUNARIA. *Brachytophytes.* Neck.
    Crucifères. Vent.

Français	Latin				Codes
annuelle. Semelle du Pape.	annua *vel* bien-nis. . . .	Vp	100	♂	6ab. m j.
vivace.	rediviva. . . .	Rov.	100	♃	7ab. m j.

LUPIN. LUPINUS. *Cyteophytes.* Neck.
    Légumineuses. Adans

Français	Latin				Codes
petit bleu.	varius.	B.	40	⊙	4bc. jt s.
grand bleu.	hirsutus. . . .	B.	60	⊙	4bc. jt s
rose.	— roseus. . . .	Ro.	60	⊙	4bc. jt s.
jaune odorant.	luteus.	J.	60	⊙	4bc jt s.
— à graine blanche.	— leucospermus.	J.	60	⊙	4bc. jt s.
nain.	nanus.	B. Bl.	30	⊙	4bc. jt s.
changeant.	mutabilis. . . .	Blr J.	150	⊙	4bc. a s.
— de Cruikshank	— Cruikshankii.	B Bl. J	150	⊙	4bc. a s.
de Hartweg.	Hartwegi. . . .	B. Bl.	50	♃	7bcde. j jt.

LUPIN **LUPINUS.**

en arbre.	arboreus. . . .	Jp. 200 $\mathrm{2\!\!\!/}$	4bcde.		j jt.
polyphylle.	polyphyllus. . .	B. 150 $\mathrm{2\!\!\!/}$	4bcde.		j jt.
— blanc.	— albus. . . .	Bl. 150 $\mathrm{2\!\!\!/}$	4bcde.		j jt.
— panaché.	— variegatus. . B. Bl. 150 $\mathrm{2\!\!\!/}$		4bcde.		j jt.
— et plus. autres var.	— et plur. aliæ var.				
macrophylle.	macrophyllus. .	Rbr. 150 $\mathrm{2\!\!\!/}$	4bcde.		j jt.
obscur.	tristis.	Br. 150 $\mathrm{2\!\!\!/}$	4bcde.		j jt.
des ruisseaux.	rivularis. . . .	Jp. 100 $\mathrm{2\!\!\!/}$	4bcde.		j jt.
plus. autres espèces.	plur. aliæ species				

LYCHNIDE. LYCHNIS. *Alsines* Adans.
       Caryophyllées. Juss.

sauvage.	diurna *vel* sylves-				
	tris.	Rov. 60 $\mathrm{2\!\!\!/}$	7cb		j jt.
éclatante.	fulgens.	F. 50 $\mathrm{2\!\!\!/}$	7ca.		j jt.
croix de Jérusalem					
rouge.	chalcedonica. . .	F. 60 $\mathrm{2\!\!\!/}$	7a. 7e.		j jt.
— blanche	— alba.	Bl. 60 $\mathrm{2\!\!\!/}$	7a. 7e.		j jt.
— couleur de chair.	— carnea . . .	C. 60 $\mathrm{2\!\!\!/}$	7a. 7e.		j jt.

LYCHNIS coronaria. V. Coquelourde.

LYCHNIS flos jovis. V. Coquelourde.

LYCHNIS viscaria. V. Viscaria.

LYSIMAQUE. LYSIMACHIA. *Anagallides.* Adans.
       Lysimachyées. Juss.

commune.	vulgaris	J. 80 $\mathrm{2\!\!\!/}$	7ca.		j a.

LYTHRUM. V. Salicaire.

MACRE. TRAPA. *Aquaticées Calcitriches.* Ric.
       Onagrariées. Juss.

Châtaigne d'eau.	natans	Bl.	$\mathrm{2\!\!\!/}$	5a (*dans l'eau*)	j jt.

MADIA. MADIA. *Composées.* Dec.

élégant.	elegans. Madaria				
	elegans. . J. Pct. Br. 100		4bc. 3bc.		jt a.

MALCOMIA maritima V. Julienne de Mahon.

MALOPE. MALOPE. *Colomnifères.* Lin.
       Malvacées. Juss.

à trois lobes.	trifida.	Rov. 100 ⊙	4bc. 3bc.		j a.
à grande fleur.	grandiflora. . .	Cm. 100 ⊙	4bc. 3bc.		j a.
— blanche.	— alba.	Bl. 100 ⊙	4bc. 3bc.		j a.

MALVA. V. Mauve.

MARTYNIA. MARTYNIA. *Bignoniacées.* Juss.
annuel. Cornaret. annua *vel* pro-
  boscidea. . Ro Pct. J. 50 ⊙ 4bc. a s.
pourpre odorant. fragrans *vel* for-
  mosa. . . . . Cm. 50 ⊙ 2bd j s.
jaune. lutea. . . . . J. 50 ⊙ 2bd. j s.

MASSETTE. TYPHA. *Aroïdées.* Spr.
  Typhées. Juss.
à large feuille. latifolia . . . . N. 150 ♃ 7db. j jt.

MATHIOLA. V. Giroflée.

MATRICAIRE. MATRICARIA *Actinophyles.* Neck.
  Composées. Rül.
double. parthenium. . . Bl. 60 ⊙♃ 7e. 7a. 8. j jt. a o.
mandiane. parthenoïdes. An-
  themisparthen. Bl. 60 ⊙♃ 7a. 7e. 8. j jt. a o.

MAURANDIA. MAURANDIA. *Bignoniacées.* Spr.
de Barclay. barclayana. . . V. 200 ⊙♃ 6abe. 2ab. 1b. j o. a o.
— à fleur rose. — rosea. . . . Rov. 200 ♂♃ 6abe. 2ab. 1b. j o. a o.
— var. de Lacey. — var. laceyana Ro. 200 ⊙♃ 6abe. 2ab. 1b. j o. a o.
à fleur de muflier. antirrhiniflora . Rov. 200 ⊙♃ 6abe. 2ab. 1b. j o. a o.
— à fleur blanche. — alba . . . . Bl. 200 ⊙♃ 6abe. 2ab. 1b. j o. a o.
toujours fleuri. semperflorens. . Rov. 200 ⊙♃ 6abe. 2ab. 1b. j o. a o.

MAUVE. MALVA. *Colomnifères.* Lin.
  Malvacées. Juss.
frisée. crispa. . . . . Fle. 160 ⊙ 4bc. 3bc. jt a.
de la Chine. sinensis. . . . P. Sé. V. 130 ⊙ 4bc. 3bc jt o.
— à fleur blanche. — alba. . . . . Bl. 130 ⊙ 4bc. 3bc. jt o.
musquée. moschata. . . . Ro. 60 ⊙♃ 4bc. 3bc. jt a.
de l'Ile de France *ou* mauritiana *vel*
  Mauve d'Alger. zebrina. . Ro. Sé. V. 130 ⊙♃ 4bc. 3bc. jt o
rouge. miniata. . . . Rv. 60 ⊙♃ 2b. jt o

MECONOPSIS cambrica. V. Pavot cambrique.

MEDICAGO polymorpha. V. Limaçon.

MÉLILOT. MELILOTUS. *Cyteophyles.* Neck.
  Légumineuses. Juss.
bleu. Baume du Pérou cœrulea. . . . Bp. 40 ⊙ 4br. jt a.

Mélitte. Melittis. *Corytophytes.* Neck.
    Labiées. Adans. Juss.

des bois.	melissophyllum.	Bl. Pct. R.	50	♃ 7db.	m j.

Melon du Malabar. V. Courge.

Menyanthe. Menyanthes. *Apocynées.* Adans.
    Lysimachyées. Juss.

Trèfle d'eau.	trifoliata. . . .	Bl.	30	♃ 7bd.	m.

Mesembrianthemum. V. Ficoïde.

Mimosa pudica. V. Sensitive.

Mimule. Mimulus. *Chasmatophytes.* Neck.
    Personatées. Lin.

ponctué.	punctatus. .	J. Pct. Br.	30	⊙♃ 5bc. 2b.	m a.	j s.
rivularis	rivularis. . . .	J.	30	⊙♃ 5bc. 2b.	m jt	j s.
speciosus.	speciosus. .	J. Mé. Br.	30	⊙♃ 5bc. 2b.	m jt.	j s.
cardinal.	cardinalis. . . .	R.	50	⊙♃ 5bc. 2b.	m jt.	j s.
— fortunatus.	— fortunatus .	R.	50	⊙♃ 5bc.2b.	m jt.	j s.
— var coul^r de sang	— atrosanguineus.	Rs.	50	⊙♃ 5bc. 2b.	m jt.	j s.
— orange.	— aurantiacus.	Rv.	50	⊙♃ 5bc. 2b.	m jt.	j s.
d'Hudson.	Hudsoni.	Ro.	50	⊙♃ 5bc. 2b.	m jt.	j s.
musqué.	moschatus. . .	J.	10	⊙♃ 5bc. 2b.	m o.	j s.

Mirabilis jalapa. V. Belle de nuit.

Molène. Verbascum. *Darinyphytes.* Neck.
    Solanacées. Juss.

pourpre.	phœniceum. . .	V. 100	♃ 7ca.	m a.
blattaire.	blattaria. . .	J. 80	♂ 7ca.	j s.

Momordique. Momordica. *Bryoniées.* Adans.
    Cucurbitacées. Lin.

Pomme de merveille.	balsamina. . . .	Fr. 200	⊙ 2b.	jt s.
à feuille de vigne.	charantia. . . .	Fr. 200	⊙ 2b.	jt s.
Concombre d'attrape ou Giclet.	elaterium. . . .	Fr. 30	♃ 7c.	jt s.

Monarde. Monarda. *Corytophytes.* Neck.
    Labiées. Juss.

fistuleuse	fistulosa. . . .	V. 120	♃ 7ca.	j a.

MORELLE. **SOLANUM.** *Arcythophytes.* Neck.
      Solanacées. Juss.

cerasiforme.	cerasiforme ?. .	J. 60 ☉	2b. 3bc.		jt o.
à feuille laciniée.	laciniatum . . .	V. 90 ☉♃	2b.		jt a.
Douce-amère.	dulcamara . . .	V. 150 ♃	7db.		j s.

MORINA. **MORINA.** *Aggregatées.* Lin.
      Dipsacées. Juss.

à longue feuille.	longifolia. . . .	Ro. 100 ♃	7db.	j jt

MOURON. V. Anagallis.

MUFLIER. **ANTIRRHINUM.** *Chasmatophytes.* Neck.
      Scrophulariées. Juss.

mufle de veau, gueule	majus , mixtæ			
de loup, varié.	varietates . .	Vé. 70 ☉♃ 7a. 3b. 8.		j o. jt o.
pourpre velouté.	— purpureum .	P. 70 ☉♃ 7a. 3b. 8.		j o. jt o.
blanc.	— album . . .	Bl. 70 ☉♃ 7a. 3b. 8.		j o. jt o.
bicolore.	— bicolor . . .	Bl. P. 70 ☉♃ 7a. 3b. 8.		j o. jt o.
panaché.	— caryophylloï-			
	des. . . . Bl. Sé. R. 70 ☉♃ 7a. 3b. 8.			j o. jt o.
panaché jaune	— var. lutea. J. Sé. R. 70 ☉♃ 7a. 3b 8.			j o. j! o.
et plus. autres variétés.	et plur. aliæ var.			

MUGUET. **CONVALLARIA.** *Asparaginées.* Juss.

de Mai.	majalis	Bl. 15 ♃	7db.	av m.
sceau de Salomon.	polygonatum . .	Bl. 40 ♃	7db.	av m.

MUSCARI. **MUSCARI.** *Asphodélées.* St. Hil.
      Coronariées. Rchbch.

chevelu.	comosum . . .	V. 40 ♃	7db.	m jt.

MUSCIPULA des jardiniers. V. Silène à bouquet.

MYOSOTIS. **MYOSOTIS.** *Asperifoliées* Lin.
      Boraginées. Juss.

Scorpione des marais				
ou Souvenez-vous				
de moi.	palustris. . . .	B. 20 ♃	4bc.	m o

NARCISSE. **NARCISSUS.** *Amaryllidées.* R. Br. St. Hil.
      Narcissées. Juss.

des poètes.	poëticus . . .	Bl. 50 ♃	7db.	av m

NEMOPHILA. NEMOPHILA. *Asperifoliées.* Spr.

remarquable.	insignis	B. Bl.	20	⊙	5a. 5b. 4bcd.	m j. j a.
— à fleur blanche.	— var. alba	Bl.	20	⊙	5a. 5b. 4bcd.	m j. j a.
à disque brun.	discoïdalis	N. Bl.	20	⊙	5a. 5b. 4bcd.	m j. j a.
ponctué.	atomaria.	Bl. Pct. N.	20	⊙	5a. 5b. 4bcd.	m j. j a.
— à fleur bleue	— var. cœrul. Bp. Pct. N.		20	⊙	5a. 5b. 4bcd.	m j. j a.
phacelioïde.	phacelioïdes	L. Bl.	30	⊙	4bc.	jt a.

NÉNUPHAR. NYMPHOEA. *Aquaticées Nymphœées.* Rül.

blanc. Lis d'eau.	alba	Bl		♃	7ca (*dans l'eau*)	j jt.

NICANDRA. NICANDRA *Arcytophytes.* Neck.
  Solanacées. Juss.

du Pérou.	physalodes	Vp.	60	⊙	4bc. 3bc.	jt s.

NICOTIANA. V. Tabac.

NIGELLE. NIGELLA. *Multisiliqueuses.* Lin.
  Renonculacées. Juss.

de Damas. Patte d'a-raignée	damascena	B.	50	⊙	4bc.	jt s.
d'Espagne.	hispanica	Bp.	60	⊙	4bc.	jt s.
— naine.	— nana.	Bp.	30	⊙	4bc.	j s.

NIVÉOLE LEUCOÏUM. *Amaryllidées.* R. Br.
  Narcissées. Juss.

d'été *ou* à bouquet	æstivum.	Bl.	50	♃	7db.	av m.

NOLANA NOLANA. *Arcytophytes.* Neck.
  Solanacées Adans.

couché	prostrata	Bp. Sé. N.	15	⊙	3bc. 4bc.	j s.
paradoxa	paradoxa	Bp. J.	15	⊙	3bc. 4bc.	j s.
à feuille d'arroche.	atriplicifolia	B. J.	15	⊙	3bc. 4bc.	j s.

NYMPHOEA. V. Nénuphar.

OCIMUM. V. BASILIC.

ŒIL DE PAON. V. Tigridie.

ŒILLET. DIANTHUS *Alsines.* Adans
  Caryophyllées. Juss.

double ordinaire.	caryophyllus	Vé.	60	♃	7c.	jt a.
— flamand.	— var.	Bl. Pé. Vé.	60	♃	7c.	jt a.
— de fantaisie.	— var.	Pé. Vé.	60	♃	7c.	jt a.
— — varié.	— var.	Pé. Vé.	60	♃	7c.	jt a.
— — — fond blanc.	— var.	Bl. Pé. Vé.	60	♃	7c.	jt a.
— — — fond jaune.	— var.	J. Pé. Vé.	60	♃	7c.	jt a.

Œillet. Dianthus.

mignardise.	moschatus. . .	Vé. 30 ♃	7c.		j jt.
superbe.	superbus. . . .	Blr. 30 ♃	7db.		j a.
de la Chine à fleur double.	sinensis fl. pleno.	Vé. 30 ☉	5a. 5b. 2b. 3bc. 4bc. 8.		j a. jt s.
— — blanche	— fl. albo. . .	Bl. 30 ☉	5a. 5b. 2bc. 3bc. 4bc. 8.		j a. jt s
— à large feuille.	— latifolius. .	Vé. 30 ☉	5a. 5b. 2bc. 3bc. 4bc. 8.		j a. jt s
de poëte.	barbatus. . . .	Vé. 40 ♂	6da.		j jt
— à fl. double.	— fl. pleno. . .	Vé. 40 ♂	6da.		j jt.
deltoïde.	deltoïdes. . R. Sé. Bl 30 ♃		7ca.		j a.
des Alpes.	alpestris	R. 15 ♃	7db.		j jt.
des collines.	collinus.	Rov. 20 ♃	7db.		jt s.
d'Inde. V. Tagétès.					

Œnothera. V Enothère.

Omphalodes. V. Cynoglosse.

Onobrichys crista galli. V. Hérisson.

Ononis. V. Bugrane.

Oreille d'ours. Primula. *Anagallides.* Adans.
       Lysimachyées. Juss.

Auricule, var. dite liégeoise.	auricula. . . .	Vé. 20 ♃	7db.		av m.
— poudrée *ou* anglaise. — var.		Vé. 20 ♃	7db.		av m.

Ornithogale. Ornithogalum. *Alliacées.* Presl.
       Asphodélées. Juss.

des Pyrénées.	pyrenaïcum.	Bl. 70 ♃	7db.		m j.

Orobe. Orobus. *Cyteophytes.* Neck.
       Légumineuses. Dec.

noire.	niger.	Rbr. 60 ♃	7ca.		j jt
printanière.	vernus.	Bp. 30 ♃	7db.		av m.
jaune.	luteus.	J. 50 ♃	7db.		av m

Orpin. Rhodiola. *Corniculatées.* Rchbch.
       Crassulacées. Dec.

à odeur de rose (*la racine*).	rosea. Sedum rhodiola.	J. 30 ♃	7db.		j jt

ORPIN. SEDUM. *Corniculatées.* Rchbch.
    Crassulacées. Dec.
 rougeâtre.   rubens . . . . Bl. 10 ⊙ 7db. j jt.
 âcre.   acre . . . . . J. 10 ♃ 7db. j jt.
 réfléchi.   reflexum. . . . J. 30 ♃ 7db. jt a.

OXALIS. OXALIS. *Bombacées.* Rchbch.
    Geraniées Juss.
 a fleur rose.   rosea ? . . . . Ro. 15 ⊙ 2b m jt.

OXYBAPHUS. OXYBAPHUS. *Nyctaginées.* Spr.
 visqueux ?   viscosus? Calyxhy-
        menia viscosa. V. 75 ⊙ 3b. 4b a o.

OXYURE. OXYURUS. *Composées.* Lindl. *et* Dec.
 a feuille de chrysan-
   thème.   chrysanthemoides. J. Bl. 30 ⊙ 4bc. 3bc.

PAGARILLE. V. Capucine des Canaries.

PALAVIA. V. Sida en crète.

PALMA Christi. V. Ricin.

PANICAUT. ERYNGIUM. *Ombellées.* Lin. *et* Dec.
 des Alpes.   alpinum. . . Bl. 60 ♃ 7ea. jt a.

PAPAVER. V. Pavot.

PAPAVER rhœas. V. Coquelicot.

PAQUERETTE. BELLIS. *Actinophytes.* Neck.
    Corymbifères. Juss.
 petite.   perennis. . . . Bl. 10 ♃ 7ea. ms o.

PARNASSIE. PARNASSIA. *Capparidées.* Juss.
 des marais.   palustris . . . Bl. 30 ♃ 7db. j s.

PASSEROSE. V. Rose-trémière.

PASSE-VELOURS. V. Amarante crête de coq

PATTE d'araignée. V. Nigelle.

PAVOT. PAPAVER. *Catizophytes.* Neck.
    Papaveracées. Juss.
 double varié.   somniferum fl. pl.
        mixtæ var. . Vé. 100 ⊙ 5a. 4ab. m j. j jt
 -- brun noir.   — —nigrescens. N. 100 ⊙ 5a. 4ab m j. j j
 — blanc   — —album. . Bl 100 ⊙ 5a. 4ab. m j. j jt

PAVOT. PAPAVER.

double panaché.	somniferum fl. pl. variegatum. Bl. Sé. R. 100 ☉	5a 4ab.	m j.	j jt.
— nain liseré.	—— nanum. Bl. Sé. Ro. 90 ☉	5a. 4ab	m j.	j jt.
— et autres variétés.	—— et aliæ varietates.			
de Tournefort.	orientale. . . . Ro. N. 130 ♃	7ca	m j.	
à bractées.	bracteatum. . . Rs. N. 130 ♃	7ca.	m j.	
cambrique.	cambricum. Meconopsis cambr. J. 40 ♃	7ca.	jt a.	
safrané.	croceum . . . O. 40 ♃	7ca.	jt a.	
nudicaule.	nudicaule . . . J. 50 ♃	7db.	j a.	

PÉDICULAIRE. PEDICULARIS. *Chasmatophytes.* Neck.
Pédiculaires. Juss.

des marais.	palustris. . . . Ro. 40 ☉♂ ♃7db.	m a.	
verticillée.	verticillata . . . P. 30 ♃	7db	m j.

PENSÉE. VIOLA. *Amorphophytes.* Neck.
Campanulacées. Juss.

des jardins.	tricolor communis. Vé. 15 ☉♃	5ab. 6b. 4ab. 3ab.	av s.
vivace à grande fl. ou anglaise.	— grandiflora *vel* perennis. . . Vé. 15 ♃	5ab. 6b. 4ab. 3ab.	av s.
de Rouen. V. Violette			

PENTAPÉTÈS. PENTAPETES. *Colomnifères.* Lin.
Malvacées. Juss.

écarlate.	phœnicea. . . E. 60 ☉	2ab. 1b.	a s.

PENTSTEMON. PENTSTEMUM. *Bignoniacées* Juss.

gentianoïde.	gentianoïdes. . . A. 60 ☉♃	6abe. 2ab. 1b.	m o. a o
— écarlate.	— coccineum. E. 60 ☉♃	6abe. 2ab. 1b.	m o. a o.
— rose.	— roseum. . . Ro. 60 ♂♃	6abe. 2b. 1b.	m o. a o.
— blanc.	— album. . . . Blc. 60 ♂♃	6abe. 2b. 1b.	m o. a o.
élégant rose.	elegans roseum. Rov. 90 ♂♃	6abe. 2b. 1b.	m o. a o.
campanule.	campanulatum. Ro. 50 ♃	6abe. 2ab. 1b.	m o. a o.

PERSICAIRE POLYGONUM. *Holeracées.* Lin.
Polygonées. Juss.

du Levant, rouge.	orientale. . . . R. 200 ☉	4b. 3b.	jt o.
— blanche.	— album. . . . Bl. 200 ☉	4b. 3b	jt o.

PERVENCHE. VINCA. *Apocynées.* Juss.

de Madagascar rose.	rosea. . . . . Ro. 30 ☉♃	1c. 2bd.	jt o.
— blanche.	— alba . Bl. Ro. 30 ☉♃	1c. 2bd.	jt a

PETASITES niveus. V. Tussilage blanc de neige.

PETUNIE. PETUNIA. *Solanacées*. Juss.

odorante.	nyctaginiflora. .	Bl. 75 ⊙♃ 2b. 3bc.	j o. a o.
phœnicea *ou* violette.	violacea. . .	P. 75 ⊙♃ 2b. 3bc.	j o. a o.
hybride.	hybrida	Vé. 75 ⊙♃ 2b. 3bc.	j o. a o.

PHACELIA PHACELIA. *Asperifoliées*. Spr.
        Boraginées. Juss.

à feuille de tanaisie.	tanacetifolia. . .	L. 50 ⊙ 4bc.	jt s.
bipinnatifide.	bipinnatifida. . .	B. 60 ⊙ 4bc.	jt s.

PHALANGÈRE. PHALANGIUM. *Liliacées*. Brongn.

rameuse.	ramosum . . .	Bl. 50 ♃ 7db.	j jt.

PHALARIS. PHALARIS. *Achyrophytes*. Neck.
        Graminées. Lin.

roseau.	arundinacea . .	Ap. 100 ♃ 7ca.	j jt.

PHARBITIS. V. Ipomée Volubilis.

PHASEOLUS. V. Haricot.

PHLOMIS. PHLOMIS. *Corytophytes*. Neck.
        Labiées. Juss.

tubéreux.	tuberosa. . . .	Ro. 120 ♃ 7ca.	j a.

PHLOX. PHLOX. *Convolvulées* Spr.
        Polemoniacées. Juss.

varié.	mixtæ var. . .	Vé. 60 ♃ 7ca.	a s.
e Drummond	Drummondii . .	Vé 50 ⊙♃ 5c. 3bc.	m jt. jt a.

PHYSALIS. V. Coqueret.

PHYTOLACCA. PHYTOLACCA. *Aizoïdées*. Rchbch.
        Atriplicées. Juss.

Raisin d'Amérique.	decandra. . . .	C. 200 ♃ 7ca.	a s.

PICRIDIUM. V. Scorsonère.

PIED-D'ALOUETTE. DELPHINIUM. *Multisiliqueuses*. Lin.
        Renonculacées. Juss.

grand varié.	ajacis majus mix- tæ varietates.	Vé. 100 ⊙ 5a. 4ab.	m j. j jt.
— *par couleurs sé-* *parées.*	— — *separatis* coloribus. . .	⊙ 5a. 4ab.	m j. j jt.
brun.	violet.		
rose.	mauve.		
couleur de chair	Etc.		

PIED-D'ALOUETTE. DELPHINIUM.

nain varié.   ajacis minus mix-
                       tæ varietates.   Vé. 50 ⊙   5a. 4ab.   m j. j jt.
— *par couleurs sé-*   — — *separatis*
   parées.   *coloribus*. .   ⊙   5a. 4ab.   m j. j jt.
   bicolore rose.   mauve.
   — gris de lin.   gris de lin.
   blanc nacré.   lie de vin.
   — pur.   violet
   rose   brun.
   couleur de chair.   panaché.
                         ETC.
des blés à fl. double. consolida ? . .   Vé. 100 ⊙   5a. 5b. 4ab. 3ab. j s. jt o
vivace.   elatum. . . . .   B. 200 ♃   7ca.   j jt.
à grande fleur.   grandiflorum. .   B. 60 ♃   7ca.   jt a.
obscur.   triste . . . . . N. 120 ♃   7ca.   j jt.
taché de blanc.   pictum. . . . B. Mé. Bl. 120 ♃   7ca.   jt a.

PIGAMON. THALICTRUM. *Acascophytes.* Neck.
          Renonculacées. Juss.
à feuille d'ancolie.   aquilegifolium .   Blr. 90 ♃   7cb.   j jt

PIMENT. CAPSICUM. *Arcytophytes.* Neck.
          Solanacées. Juss.
long.   longum . . . .   Fr. 40   2b.   s n
— jaune.   — luteum. . .   Fr. 40   2b.   s n
du Chili.   chilense . . . . Fr. 30   2b.   s n
violet.   violaceum . . .   Fr. 40   2b.   s n.
gros carré doux.   grossum. . . .   Fr. 40   2b.   s n.
tomate.   lycopersicoïdes . Fr. 40   2b.   s n.
— jaune.   — luteum.. . .   Fr. 40   2b.   s n
et autres variélés.   et aliæ varietates
PISUM. V. Pois.
PIVOINE. POEONIA. *Multilisiqueuses.* Lin.
          Renonculacées. Rül.
herbacée , plusieurs   herbacea , plur.
espèces et variétés.   spec. et variet. Vé. 60 ♃   7ca. 7b.   j.
PLANTAIN. ALISMA. *Acascophytes.* Neck.
          Joncées. Juss.
d'eau. Fluteau.   plantago. . . .   Blr. 60 ♃   7db.   j s
PLANTE aux œufs. V. Aubergine.

PODALYRE. PODALYRIA. *Cyteophytes.* Neck.
    Légumineuses. Dec.

de la Caroline.   australis. Baptisia
         australis. . .   B. 90 ♃   7ca.   j jt.

PODOLEPIS. PODOLEPIS. *Composées.* Rchbch.
grêle.   gracilis . .   C. 60 ⊙   2b. 3c.   j o.

POEONIA. V. Pivoine.

POIRÉE. BETA. *Aizoidées.* Rchbch
    Atriplicées. Juss.

à carde rouge *ou* du   vulgaris var. pur-
   Brésil.   purea . . . . Fle. R. 40 ♂   4bcd. 3bc.   a o.
— jaune *ou* du Brésil   — var. aurea. . Fle. J. 40 ♂   4bcd. 3bc.   a o.

POIS. PISUM. *Cyteophytes.* Neck.
    Légumineuses. Dec.

turc *ou* couronné
   fleur rouge.   sativum coronatum. R. 100 ⊙   4abc.   j s.

POIS. LATHYRUS. *Cyteophytes.* Neck.
    Légumineuses. Dec.

de senteur varié.   odoratus mixtæ
         varietates . .   Vé. 120 ⊙   5a. 4ab.   j jt. jt a.
— blanc.   — albus. . . .   Bl. 120 ⊙   5a. 4ab.   j jt. jt a
— panaché rose.   — variegatus ro-
         seus. . . Ro. Sé. Cm. 120 ⊙   5a. 4ab.   j jt. jt a.
— — violet.   — —violaceus. V. Sé. Vf. 120 ⊙   5a. 4ab.   j jt. jt a.
vivace.   latifolius. . . .   Ro. 180 ♃   7ca.   jt s.
— à fleur blanche.   — albus. . . .   Bl. 180 ♃   7ca.   jt s.

POIS de cœur. V. Cardiosperme.

POLEMOINE. POLEMONIUM. *Campanacées.* Lin.
    Polemoniacées. Juss.

Valériane grecque,   cœruleum . . .   B. 60 ♃   7ca.   j jt.
   bleue.
— blanche.   album.   Bl. 60 ♃   7ca.   j jt.

POLYGALA. POLYGALA. *Amorphophytes.* Neck.
    Pédiculaires. Juss.

faux-buis.   chamœbuxus. .   J. 20 ♃   7db.   av m.

POLYGONUM. V. Persicaire.

Pomme de merveille. V. Momordique.

Pomme épineuse d'Égypte. V Datura fastuosa.

Portulaca. V. Pourpier.

Potentille. **Potentilla.** *Calyciflores* Roy.
     Rosacées. Juss.

à grande fleur.	grandiflora. . .	J. 15 ♃	7cb.		jt.
ascendante.	caulescens . . .	Bl. 20 ♃	7db.		j jt.

Pourpier. **Portulaca.** *Diplosantherées.* Roy.
     Portulacées. Juss.

à grande fleur.	grandiflora. . .	Cm. 15 ⊙♃	2b.2a.1b.	jt s. j a.
— jaune de Thor-	— aurea Thor-			
burn.	burni. . . Jp. Pct. R. 15 ⊙♃	2b.2a 1b.		jt s. j a.
de Thellusson.	Thellussoni. . .	E. 15 ⊙♃	2b.2a.1b.	jt s. j a.

Prénanthe. **Prenanthes.** *Cichoracées.* Juss.

pourpre.	purpurea. . . .	P. 120 ♃	7db.	jt s

Primevère. **Primula.** *Anagallides.* Adans.
     Lysimachyées Juss.

des jardins variée.	veris.	Vé. 15 ♃	7ca.	av m.
de la Chine.	sinensis.	Ro. 30 ♃	6abe.	f av.
— à fleur blanche.	— fl. albo. . .	Bl. 30 ♃	6abe.	f av.
— à pétales frangés.	— fimbriata.. .	Ro. 30 ♃	6abe.	f av.
— — à fleur blanche.	— — fl. albo. .	Bl. 30 ♃	6abe.	f av.
farineuse.	farinosa. . . .	Ro. 10 ♃	7db.	j jt.
à feuille de cortuse.	cortusoïdes. . .	Cm. 30 ♃	7db.	av j.
à grande fleur.	grandiflora. . .	Vé. 10 ♃	7db.	rns m.

Primula veris. V. Primevère.

Primula auricula. V. Oreille d'ours.

Prismatocarpus. V. Campanule miroir de Vénus.

Prunella. V. Brunelle.

Pulmonaire. **Pulmonaria.** *Asperifoliées.* Lin.
     Boraginées. Juss.

officinale.	officinalis. . . B. Ro. 20 ♃	7ea.		m j.

Quamoclit phœnicea. V. Ipomée écarlate.

Raisin d'Amérique. V. Phytolacca.

Ranunculus. V. Renoncule.

Reine-Marguerite. Aster sinensis. *Composées.* Less.

double variée.	mixtæ var. Callistephus sinensis.	Vé.	50	⊙	3bc. 8.	jt s.
— *par couleurs séparées.*	— *separatis coloribus.* . . .			⊙	3bc. 8.	jt s.
très naine rouge.	pyramidale naine violette panachée.					
— violette.	— blanche.					
— blanche.	— panachée rouge.					
— couleur de chair.	— — violet.					
— variée	— — rose.					
demi - naine panachée rouge hâtive.	— — — demi-anémone.					
— — — tardive.	— — — — demi-naine.					
— — rose.	— demi-anémone lilas					
— — violet.	— variée.					
— couleur de chair.	anémone rose.					
.- variée.	— rouge.					
pyramidale demi-naine panachée violet.	— lilas foncé.					
— — — lilas.	— violette.					
— — — rouge.	— couleur de chair					
— — blanche.	— violet foncé.					
— naine rouge.	— panaché violet.					
— — violette.	— — rouge.					
	— variée.					

Renoncule. Ranunculus. *Acascophytes.* Neck.
Renonculacées. Juss.

des fleuristes.	asiaticus. . . .	Vé.	20	♃	7ca.	j jt.
à feuille d'aconit.	aconitifolius . . ·	Bl.	30	♃	7db.	m j.
glaciale.	glacialis. . . .	Bl.	15	♃	7db.	jt a.
à feuille de parnassie.	parnassifolius. .	Bl.	15	♃	7db.	jt a.
graminée.	gramineus. .	J.	30	♃	7db.	m j.
aquatique.	aquatilis. . . .	Bl.		♃	7db.	av a.

Réséda. Reseda. *Capparidées.* Juss.

odorant.	odorata.	Ap.	30	⊙♃	4bcd.	j o.

Rhapontic. Centaurea. *Composées.* Adans.

scarieux.	rhapontica. Rhaponticum scariosum. . . .	Ro.	75	♃	7db.	jt a.

Rheum. V. Rhubarbe.

Rhodanthe. Rhodanthe. *Composées.* Lindl.

de Mangles.	Manglesii. . . .	Ro.	30	⊙	2ab. 1b.	j jt. m jt.

Rhodiola. V. Orpin.

Rhubarbe. Rheum. *Holoracées.* Lin.
   Polygonées. Juss.

du Népaul.	nepalense *vel* australe. . .	Fle. 150	♃	7ca.	m o.
palmée.	palmatum . . .	Fle. 150	♃	7ca.	av m
ondulée.	ondulatum. . .	Fle. 120	♃	7ca.	m j.

Ricin. Ricinus. *Cyrtosiphytes.* Neck.
   Euphorbiées. Juss.

grand. Palma-Christi.	communis major.	Fle. 200 ⊙	♃	4bc. 3bc.	jt o.
petit.	— minor. . . .	Fle. 150 ⊙	♃	4bc. 3bc.	jt o.
pourpre.	— rutilans ?.. .	Fle. P. 200 ⊙	♃	4bc. 3bc.	jt o.

Rose d'Inde. V. Tagétès Rose d'Inde.

Rose-Trémière. Althoea. *Colomnifères.* Lin.
   Malvacées. Juss.

Passerose double va-riée.	rosea fl. pleno mixtæ var. .	Vé. 250	♃	6dab.	jt s.
— *par couleurs sé-parées.*	— *separatis co-loribus.* . . .		♃	6dab.	jt s.

rouge.	jaune.
— clair.	orange.
— vif naine.	chamois.
rose.	brun marron.
blanche	noire, etc.
	Etc.

— de la Chine.	sinensis.. . . .	Bl. P. 125 ⊙	♃	5c. 2abc. 1b.	j a. a s. jt s.
— — rouge.	— fl. rubro. . .	P. 125 ⊙	♃	5c. 2abc. 1b.	j a. a s. jt s.

Rudbeckia. Rudbeckia. *Actinophytes.* Neck.
   Corymbifères. Juss.

bicolore.	bicolor ?. . . .	J. 60	♃	5c. 2b.	j s.

Sabline. Arenaria. *Alsines.* Adans.
   Caryophyllées. Juss.

de Mahon	balearica. . . .	Bl. 10	♃	7db.	m jt.
à feuille de mélèze.	laricifolia. . . .	Bl. 10	♃	7db.	m a.

Safran bâtard. V. Carthame des teinturiers.

Sagittaire. Sagittaria. *Acascophytes* Neck.
   Joncées. Juss

Flèche d'eau.	sagittifolia. . .	Bl. 50	♃	7db	j a

Sainfoin. Hedysarum. *Cyteophytes*. Neck.
Légumineuses. Dec.

d'Espagne.	coronarium . .	E. 100	♃	7ca.	j jt.
— à fleur blanche.	— fl. albo. . .	Bl. 100	♃	7ca.	j jt.

Salicaire. Lythrum. *Calycanthemées*. Lin.
Salicariées. Juss.

Salicaire.	salicaria. . . .	Ro. 120	♃	7db.	jt s.

Salpiglossis. Salpiglossis. *Bignoniacées* Pers.

hybride.	hybrida *vel* stra-minea. . . .Sé. Vé.	75	☉	4bc.	jt a.

Salvia. V. Sauge.

Sanvitalia. Sanvitalia. *Composées*. Mirb.

rampant.	procumbens. . .	Jbr. 30	☉	2bc. 3bc.	j s.

Saponaire. Saponaria. *Alsines*. Adans.
Caryophyllées. Lin.

faux basilic.	ocimoïdes . . .	Ro. 10	♃	7db.	m j.
officinale.	officinalis. . . .	Ro. 40	♃	7ca.	jt s.

Sauge. Salvia. *Corytophytes*. Neck.
Labiées. Juss.

à large fleur bleue.	patens.	B. 150	♃	7cabdg.	j a.
sclarée.	sclarea.	Fle. 60	♂	6ab.	jt a.
hormin.	horminum. . .	Fle. 50	☉	4bc.	j jt.

Saxifrage. Saxifraga. *Diplosantherées*. Roy.
Saxifragées. Dec. Juss.

granulé.	granulata . . .	Bl. 40	♃	7db.	av j.
tridactyle.	tridactylites . .	Bl. 100	☉	7db.	ms m.
faux-aizoon.	aizoïdes	J. 20	♃	7db.	jt a.
hypnoïde.	hypnoïdes . . .	Bl. 10	♃	7db.	m j.

Scabieuse. Scabiosa. *Aggregatées*. Lin.
Dipsacées. Juss.

des jardins.	atropurpurea . .	Vé. 100	☉	5a. 5b. 3bc. 4bc. 8.	j a. jt o.
— naine.	— nana. . . .	P. 60	☉	5a. 5b. 3bc. 4bc. 8.	j a. jt o.
du Caucase.	caucasica. . . .	L. 100	♃	7ca.	j a.
des Alpes	alpina. Cephala-ria alpina . .	Jp. 150	♃	7db.	j jt.
graminée.	graminifolia. . .	Bp. 30	♃	7db.	j.

Sceau de Salomon. V. Muguet.

Schizanthe. Schizanthus. *Personées.* Spr.

à feuille ailée.   pinnatus. . L. Pct. Br. 60 ⊙ 4bc.   j a.

émoussé.   retusus. . . . . Ro. J. 80 ⊙♂ 5c. 4b.   j jt. a s.

de Graham.   Grahami. . . . Ro. J. 80 ⊙♂ 5c. 4b.   jt s. a s.

Schizopetalum. Schizopetalum. *Crucifères.* Dec.

de Walker.   Walkeri. . . . Bl. 40 ⊙ 4b.   jt.

Schoenus. V. Choin.

Schortia. Schortia. *Composées.*

de Californie.   californica.   J. 15 ⊙ 4b.   j jt.

Scille. Scilla. *Anthéricées.* Rül.
       Aphodèlées. Juss.

penchée.   nutans. Hyacin-
thus non scriptus. B. 30 ♃ 7db.   av m.

Scorpione des marais. V. Myosotis.

Scorpiurus. V. Chenille.

Scorsonère. Picridium. *Composées.* Cassel.
de Tanger.   tingitanum. . . J. 45 ⊙ 3bc.   j s.

Scyphanthe. Scyphanthus. *Loasées.* Presl.
élégant.   elegans. Gram-
matocarpus vo-
lubilis. . . . Jp. 150 ⊙♃ 2b.   a o.

Sedum. Sedum. *Corniculatées.* Rchbch.
       Crassulacées. Dec.

azuré.   azureum . . . . Bp. 15 ⊙ 5c. 2b. 3bc. m j. jt s. a

rhodiola. V. Orpin.

Semelle du Pape. V. Lunaire annuelle.

Senèçon. Senecio. *Actinophytes.* Neck.
       Composées. Lin.

des Indes, violet ou   elegans, flore li-
lilas simple.   laceo . . . . A. 60 ⊙ 5c. 2b. 8.   m a. j s.

— — double.   — fl. lilaceo pleno A. 60 ⊙ 5c. 2b. 8.   m a. j s.

— blanc (*rosé*) simple.   — flore albo . . Blr. 60 ⊙ 5c. 2b. 8.   m a. j s.

— — double.   — — pleno. . . Blr. 60 ⊙ 5c. 2b. 8.   m a. j s.

— violet foncé simple.   — flore violaceo. V. 60 ⊙ 5c. 2b. 8.   m a. j s.

— — — double.   — — pleno . . . V. 60 ⊙ 5c. 2b. 8.   m a. j s

Sensitive. Mimosa. *Cassiées.* Rüling.
          Légumineuses. Dec.

Sensitive.	pudica. . . .	Fle. 45 ⊙ ♃	2bd.		a s.

Sesamum. V. Anthadenia.

Sicyos. Sicyos. *Bryoniées.* Adans.
          Cucurbitacées. Lin. Juss.

à feuille anguleuse.	angulatus . . .	Fr. 400 ⊙	2b.	jt s.

Sida. Sida *Malvacées.* Juss.

en crête.	cristata. Anoda			
	cristata. Palavia			
	rhomboïfolia. .	B. 60 ⊙	4bc. 3bc.	jt s

Silène. Silene. *Caryophyllées.* Lin.

rose.	bipartita.	Ro. 30 ⊙	4bc.		jt a.
à bouquet. Muscipula	armeria flore ru-				
des jardiniers, rouge	bro.	Cm. 40 ⊙	5a. 5b. 4bc.	j jt.	jt a.
— blanc.	— flore albo. .	Bl. 40 ⊙	5a. 5b. 4bc.	j jt.	jt a.
compacte.	compacta . . .	Ro. 40 ⊙	5a. 5b. 4bc.	jt s.	
hispide.	hispida.	Ro. 30 ⊙	4b.	jt a.	
pendula.	pendula	Ro. 30 ⊙	5a. 5b. 4bc.	m j.	jt a.
regia.	regia	Ro. 40 ⊙	4bc	jt a.	
schœfta.	schœfta	Ro. 10 ♃	7ca.	jt o	
d'Orient.	orientalis ?. . .	Ro. 70 ♂	6ab.	jt a.	
à courte tige.	acaulis.	Ro. 5 ♃	7db.	j jt.	

Silybum V. Chardon Marie.

Siphocampylos. Siphocampylos. *Lobeliacées.* Pohl.

bicolore.	bicolor	R. J. 90 ♃	7db.	av

Solanum ovigerum. V. Aubergine.
laciniatum, dulcamara *et* cerasiforme V. Morelle.

Soldanelle. Soldanella. *Anagallides.* Adans.
          Lysimachyées. Juss.

des Alpes.	alpina.	V. 10 ♃	7db.	j jt.

Soleil. Helianthus. *Actinophytes.* Neck.
          Composées. Lin.

— tournesol double	annuus *vel* indi-			
	cus.	J. 180 ⊙	4bc. 3bc.	jt s.
simple nain.	— nanus. . . .	Jbr. 60 ⊙	4bc. 3bc.	j s.

Souci. Calendula. *Actinophytes.* Neck.
    Composées. Lin

double des jardins.	officinalis . . .	O. 60 ⊙	4bc.	jt o.
à bouquet *ou* prolifère.	— var. . . .	O. 60 ⊙	4bc.	jt o.
à la reine *ou* de Trianon.	— var. . . .	O. 60 ⊙	4bc.	jt o.
pluvial.	pluvialis. Dimor- photeca pluv. .	Bl. V. 30	4bc.	jt a.
hybride.	hybrida. . . .	Bl. 30 ⊙	4bc.	jt a.

Souvenez-vous de moi. V. Myosotis.

Sphénogyne. Sphenogyne. *Composées.* Rchbch.

éclatante.	speciosa. . . .	Jp. Br. 30 ⊙	4bc.3bc.	jt s.

Stachys. Stachys. *Corytophytes.* Neck.
    Labiées. Juss.

cocciné.	coccinea. . . .	E. 90 ⊙♃ 2b.		jt s.

Statice. Statice. *Aggregatées.* Lin.
    Plombaginées. Juss.

faux-arméria.	pseudo-armeria.	Ro. 50 ♂♃ 6abe		m s.
de Tartarie.	tatarica	Ro. 50 ♂♃ 7db.		j.
limonium.	limonium . . .	B. 30 ♃ 7db.		m a.
à balais.	scoparia. . . .	B. 30 ♃ 7db.		j a.

Stenactis. Stenactis. *Composées.* Rchbch.

speciosa.	speciosa. . . .	L. 60 ♃ 7caf.		j s.

Stevia. Stevia. *Composées.* Spr.

à feuille en scie.	serrata. . . .	Bl. 50 ⊙♃ 2ab.1b.		jt o.
pourpre	purpurea. . . .	Ro. 50 ⊙♃ 2ab.1b.		j o. jt o.

Stipa. Stipa. *Achyrophytes.* Neck.
    Graminées. Lin.

plumeux.	pennata . . .	Ap. 50 ♃ 7ca.		m j.

Sutherlandia V. Baguenaudier.

Tabac. Nicotiana. *Darinophytes.* Neck.
    Solanées. Juss.

de Virginie.	Tabacum . . .	Ro. 120 ⊙	2b.	jt o.
ondulé.	undulata. . . .	Bl. 60 ⊙	2b.	jt o.
à feuille de dentelaire	plumbaginifolia.	Bl. 60 ⊙	2b.	jt o.
rustique.	rustica.	Jv. 90 ⊙	2b.	jt o.
glutineux.	glutinosa .	Ro. 120 ⊙	2b.	jt o.

Tabac. Nicotiana.

glauque.	glauca. . . .	Jv. 300 ⊙	2b.	s o.
paniculé.	paniculata . . .	Jv. 90 ⊙	2b.	jt o.
à longue fleur.	longiflora. . . .	Bl. 120 ⊙	2b.	jt o.

Tagétès. Tagetes. *Actinophytes.* Neck.
    Composées. Lin.

étalé. Œillet d'Inde.	patula.	J. Br. 60 ⊙	3bc. 8.	jt o.
— nain.	— nana. . . .	J. Br. 40 ⊙	3bc. 8.	jt o.
— très nain.	— pumila . . .	J. Br. 20 ⊙	3bc. 8.	jt o.
— rayé.	— variegata. J. Pé. Br. 70 ⊙		3bc. 8.	jt o.
Rose d'Inde.	erecta	J. 80 ⊙	3bc. 8.	jt o.
— à tuyau.	— fistulosa. . .	Jp. 80 ⊙	3bc. 8.	jt o.
— naine hâtive.	— nana. . . .	J. 40 ⊙	3bc. 8.	j s.
luisant.	lucida.	J. 30 ⊙ ♃	5c. 2b.	j s. jt o.
à taches pourpres.	signata. . . J. Pct. Br. 50 ⊙		3bc. 2ab. 8.	jt o. j o.
à petites fleurs.	minuta.	J. 60 ⊙	2b.	s o.

Tamme. Tamus. *Aristolochiées.* Adans.
    Asparagées. Juss.

commun.	communis . . .	Fle. 250 ♃	7db.	m jt.

Tetragonolobus. V. Lotier cultivé.

Thalia. Thalia. *Cannées.* Juss.

blanc.	dealbata. . . .	Rbr. 120 ♃	7db.	jt a.

Thalictrum. V. Pigamon.

Thapsia garganica. V. Férule de Naples.

Thé du Mexique. V. Anserine ambroisie.

Thlaspi. Iberis. *Brachytophytes.* Neck.
    Crucifères. Vent.

blanc.	amara	Bl. 30 ⊙	5a. 5b. 4bc. 3bc.	j jt.
— julienne.	— var. . . .	Bl. 30 ⊙	5a. 5b. 4bc. 3bc.	j jt.
lilas.	umbellata fl. li-			
	laceo	L. 40 ⊙	5a. 5b. 4bc. 3bc.	j jt.
violet foncé.	— fl. violaceo .	V. 40 ⊙	5a. 5b. 4bc. 3bc.	j jt.
odorant.	odorata.	Bl. 30 ⊙	4bc.	j jt.
de Tenore.	tenoreana . . .	Blr. 15 ♃	7ca.	av j.
de Lagasca.	lagascana . . .	Bl. 30 ⊙	5a. 5b. 4bc. 3bc	j jt. jt a.
toujours vert.	sempervirens . .	Bl. 20 ♃	7db.	av j.

TRUNBERGIA. **THUNBERGIA**. *Acanthacées*. Juss.

ailé, nankin.	alata	Jp. Br. 125	⊙♃	2bcd.	j s.
— blanc.	— alba	Bl. Br. 125	⊙♃	2bcd	j s.
— orange.	— aurantiaca. .	O. Br. 125	⊙♃	2bcd.	j s.
— de Fryer.	— Fryeri . . .	Js. 125	⊙♃	2bcd.	j s.
— jaune pâle unico- lore.	— lutea unicolor	Jp. 125	⊙♃	2bcd	j s.

TIGRIDIE. **TIGRIDIA**. *Iridées*. Juss.

Œil de paon.	pavonia	R. J. 30	♃	7db. 7ca	m s.

TITHONIA. **TITHONIA**. *Composées*. Rchbch.

à fleur de tagétès.	tageliflora.	O. 300	⊙	2b.	s o.

TOLPIS. V. Crépis barbu.

TOURNEFORTIA. **TOURNEFORTIA**. *Asperifoliées*. Lin.
                    Boraginées. Juss.

fausse héliotrope.	heliotropoïdes. .	L. 50	⊙♃	5abc 2b	a s. jt s.

TOURNESOL. V. Soleil.

TRACHÉLIE. **TRACHELIUM**. *Campanacées*. Lin.

bleue.	cœruleum . . .	Bf. 50	♂♃	6dbar.	j a.

TRACHYMENE. V. Hugélie.

TRAPA. V. Mâcre.

TRÈFLE. **TRIFOLIUM**. *Cyteophytes*. Neck.
                 Légumineuses. Adans

des Alpes.	alpinum	Ro. 20	♃	7db.	j jt
brun clair.	badium	Jbr. 20	♃	7db.	j jt
d'eau. V. Menyanthe.					

TRICHOSANTHES. **TRICHOSANTHES**. *Bryoniées*. Adans.
                    Cucurbitacées. Lin. Juss.

couleuvre.	colubrina .	Bl. 120	⊙	2cr.	j jt

TROPOEOLUM. V. Capucine.

TULIPE. **TULIPA**. *Coronariées*. Lin.

de Gesner	gesneriana .	Vé. 60	♃	7db.	av m.

TUSSILAGE. **TUSSILAGO**. *Composées*. Spr.

blanc de neige.	nivea. Petasites				
	niveus . . .	Blr. 20	♃	7db.	ms m.

TYPHA. V. Massette

TWEEDIA. TWEEDIA. *Asclépiadées*. Hook.
bleu.   cœrulea. . . .   Bl. 40 ♂ ♃ 6dbae.   a s.

VALÉRIANE. VALERIANA. *Caprifoliacées*, Rchbch.
     Valérianées. Spr.
des jardins, rouge.   rubra. Centran-
     thus ruber. .   R. 100 ♃   7a.7e.   j s. s o.
— rouge foncé.   — ruberrima .   Rs. 100 ♃   7a.7e.   j s. s o.
— blanche.   — alba. . . .   Bl. 100 ♃   7a.7e.   j s. s o.

VALÉRIANE. FÉDIA. *Aggrégatées*. *Whlbrg*.
     Valérianées. Dec.
d'Alger.   cornucopiæ? *vel*
     grandiflora. .   Ro. 30 ⊙   5a.4bc.   m j. j jt.
grecque. V. Polemoine.

VARAIRE. VERATRUM. *Colchicacées*. Dec.
blanc.   album. . . .   Jp. 150 ♃   7db.   j jt.
noir.   nigrum. . .   Vt. 90 ♃   7db   j jt.

VERATRUM. V. Varaire.

VERBASCUM. V. Molène.

VERBENA. V. Verveine.

VÉRONIQUE. VERONICA. *Gentianées*. Spr.
     Pédiculaires. Juss.
gentille.   pulchella. . . .   Bf. 15 ♃   7db.   m j.
à épi.   spicata. . . . .   B. 30 ♃   7db.   jt a.
de Virginie.   virginiana . . .   Bl. 150 ♃   7db.   jt a.
multifide.   multifida. . . .   Rp. 10 ♃   7db.   m jt.

VERS. ASTRAGALUS. *Légumineuses*. Adans.
Vers.   hamosus. . .   Fr 30 ⊙   1b.   a s.

VERVEINE. VERBENA. *Corytophytes*. Neck.
     Vitices. Juss.
de Miquelon.   aubletia. . .   A. 50 ⊙   5c. 2ab. 1b. 8.   j s. jt o.
pulchella.   pulchella. . . .   V. 15 ⊙♃   5c. 2ab. 8.   j s. jt o.
pulcherrima.   pulcherrima. .   V. 50 ⊙   5c. 2ab. 8.   j s. jt o.
erinoïde.   erinoïdes . .   L. 10 ⊙   5c. 2ab. 8.   j s. jt o.
venosa.   venosa. . . .   V. 50 ⊙♃   5c. 2ab. 1b. 8.   j s. jt o.
de Drummond.   Drummondii. .   L. 50 ⊙   5c. 2ab. 1b. 8.   j s. jt o.

Verveine. Verbena.

teucrioïde hybride.	teucrioïdes hybrida.	Vé.	60	⊙ ♃	5c 2ab. 1b. 8.	j s.	jt o.
incisa hybride.	incisa hybrida.	Vé.	30	⊙ ♃	5c. 2ab. 1b. 8.	j s.	jt o.
variétés hybrides en	hybridæ mixtæ						
mélange.	varietates. . .	Vé.	30	⊙ ♃	5c. 2ab. 1b. 8.	j s.	j o.

Vesce. Vicia. *Cyteophytes.* Neck.
      Légumineuses. Adans.

pisiforme.	pisiformis.. . .	Jp.	60	♃	7db.	jt a.
fausse esparcette.	onobrichyoïdes .	Bf.	60	⊙	7db.	j jt.

Vinca. V. Pervenche.

Viola tricolor. V. Pensée.

Violette. Viola. *Amorphophyles.* Neck.
      Campanulacées. Juss.

des quatre saisons.	odorata. . .	V.	15	♃	7ca.	av m
à long éperon.	calcarata.. . .	V.	10	♃	7db.	m jt.
du Mont-Cenis.	cenisia.. . . .	V.	15	♃	7db.	j a.
à deux fleurs.	biflora	J.	10	♃	7db.	i jt
Pensée de Rouen.	rothomagensis .	Bp.	20	⊙ ♃	7db.	m o

marine. V. Campanule à grosse fleur.

Viscaria. Viscaria. *Alsines.* Adans.
      Caryophyllées. Juss.

à œil pourpre.	oculata. Lychnis					
	viscaria. . . Ro. Br.	40	⊙	5c. 4b. 3b. 8.	j jt.	jt a.
— nain.	— nana. . . . Ro. Br.	25	⊙	5c. 4b. 3b. 8.	j jt.	jt a.
— à fleur blanche.	— alba . . . . Bl. Ro.	40	⊙	5c. 4b. 3b. 8.	j jt.	jt a.

cœli rosa. V. Coquelourde.

Volubilis. V. Ipomée.

Xeranthemum. V. Immortelle annuelle

Zinnia. Zinnia. *Actinophytes.* Neck.
      Composées. Rchbch.

rouge.	multiflora.. . .	R.	60	⊙	3bc. 8.	j s.
— à grande fleur.	— grandiflora..	R.	60	⊙	3bc. 8.	j s.
jaune.	— lutea. . . .	Jp.	60	⊙	3bc. 8.	j s
verticillé.	verticillata. .	R.	60	⊙	3bc. 8.	j s.
roulé.	revoluta. . . .	R.	60	⊙	3bc. 8.	j s.
élégant ou à grande						
fleur, violet	elegans violacea.	V.	75	⊙	3bc. 8.	jt o

Zinnia. Zinnia.

élégant cocciné.	elegans coccinea.	E.	75 ⊙	3bc. 8.	jt o.
— pourpre.	— purpurea...	P.	75 ⊙	3bc. 8.	jt o.
— blanc.	— alba.....	Bl.	75 ⊙	3bc. 8.	jt o.
— jaune.	— lutea. . .	Jp.	75 ⊙	3bc. 8.	jt o.
— varié	— mixtæ variet.	Vé.	75 ⊙	3bc. 8.	jt o.

ETC., ETC.

1° PLANTES GRIMPANTES

CLASSÉES PAR ORDRE DE HAUTEUR

EN COMMENÇANT PAR LES MOINS ÉLEVÉES

Ipomée à feuille d'althœa.
Pétunie violette *ou* phœnicea.
    hybride.
Concombre Chaté.
Morelle. Douce-amère.
Scyphanthe élégant.
Gesse du lord Anson.
Cardiosperme. Pois de cœur.
Pois de senteur varié.
    — blanc.
    — panaché violet.
    — — rose.
    — *et autres variétés.*
Trichosanthes couleuvre.
Ipomée quamoclit.
Thunbergia ailé.
    — blanc.
    — orange.
    — de Fryer.
    — jaune pâle unicolore.
Gesse de Tanger.
Capucine grande.
    — brune.
    — panachée.
Pois vivace.
    — — à fleur blanche.
Concombre Dudaïm.

Ipomée à feuille de lierre.
    Nil. Liseron de Michaux.
Loasa orangé.
    — d'Herbert.
Lophospermum grimpant.
    d'Anderson.
Maurandia de Barclay.
    -- à fleur rose.
    -- var. de Lacey.
    à fleur de muflier.
    à fleur blanche.
    toujours fleuri.
Momordique à feuille de vigne.
    pomme de merveille.
Bryone dioïque.
Capucine des Canaries.
Courge cougourde *ou* calebasse de pelerin.
    poire à poudre.
    massue d'Hercule.
    plate de Corse.
    syphon.
    et autres variétes.
Dolique d'Egypte. Lablab à fleur violette
    — à fleur blanche.
Haricot d'Espagne rouge.
Haricot d'Espagne bicolore
Haricot d'Espagne blanc.

Ipomée jaune.
    écarlate.
    épineuse.
Tamme commun.
Coloquinte orange.
Coloquinte galeuse
    poire.
Coloquinte maliforme.
    et autres variétés.

Sycios à feuille anguleuse.
Eccremocarpus grimpant.
Fumeterre fongueuse.
Ipomée pourpre. Volubilis varié.
    — panachée.
    — *et autres variétés.*
Cobée grimpante.
    à stipules.

2° PLANTES POUR BORDURES *.

Adonide d'été.
Æthionema du Mont-Liban.
Agathea spatulé.
Agrostide gentille.
Alysse corbeille d'or.
    odorante.
    deltoïde.
Amarante crête de coq naine.
Amarantoïde violette.
    couleur de chair.
    blanche.
    panachée.
Anagallis. Mouron à grande fleur, rose.
    — carné.
    — bleu.
    — superbe.
    de Philips
    frutescent.

Ancolie de Sibérie.
Anémone des fleuristes.
Aster fragile.
Balsamines, *les variétés.*
Basilic fin vert.
    — violet.
Belle-de-jour. Liseron tricolore.
    blanche.
    à grande fleur.
    violette.
    panachée.
Brunelle à grande fleur.
Cacalie écarlate.
    orange.
Callichroa platyglossa.
Campanule miroir de Vénus.
    — lilas.
    — blanche.

---

* Plusieurs autres plantes auraient pu aussi, à cause de leur petitesse, prendre place dans cette liste ; nous avons cru devoir omettre les plus délicates, qui sont, pour la plupart des plantes alpines. On emploiera, de même, souvent avec avantage, pour bordures, dans les grands jardins, des plantes que nous n'avons pas placées ici à cause de leurs trop grandes dimensions

Campanule de Lore bleue.
— à fleur blanche.
pentagonale.
à feuille en cœur.
Chœnostoma polyanthum.
Collinsia à grande fleur.
bicolore.
Collomia écarlate.
Coquelourde fleur de Jupiter.
rose du ciel.
Coréopsis de Drummond.
Courge à la moëlle.
d'Italie, *var. coureuse.*

> NOTA. Toutes les espèces coureuses de *Cucurbita pepo* produisent un joli effet, lorsqu'on dirige leurs tiges pour former des bordures, surtout à des expositions ombrées; car par la sécheresse il arrive souvent que les feuilles se couvrent d'une espèce de champignon qu'on appelle *le blanc*, qui leur donne un aspect désagréable. On fait de même de très jolies bordures avec le *Lierre.*

Crépis rose.
blanc.
Cynoglosse à feuille de lin.
Enothère blanche.
pourpre.
Epervière orangée.
Erigeron glabre.
Escholtzie de Californie.
orangée.
Eutoca de Menzies.
Ficoïde tricolore.
glabre.
Fraxinelle rouge.
blanche.
Fumeterre jaune.
toujours verte.
Gentiane à grande fleur. G. acaulis.

Gilia tricolore.
— rose.
— bleu.
— blanc.
Giroflée quarantaine, *les variétés.*
Godetia lepida.
Hebenstreitia à feuille menue.
Iris naine.
Julienne *ou* Giroflée de Mahon.
— à fleur blanche.
Kaulfussia amelloïde.
Lamarckia doré.
Leptosiphon androsacé.
— à fleur blanche.
à grande fleur.
Linaire pourpre.
Lobelia erinus.
grêle.
rameux.
Lupin nain.
Myosotis. Scorpione des marais.
Nemophila remarquable.
— à fleur blanche.
à disque brun.
ponctué.
— à fleur bleue.
Nigelle d'Espagne naine.
OEillet de la Chine à fleur double.
—· — blanche.
— à large feuille.
superbe.
mignardise
deltoïde.
Oreille d'ours. Auricule
Oxalis à fleur rose.
Pensée.
Pétunie odorante.
Pied-d'alouette nain, *les variétés.*

Podolepis gracilis.
Pourpier à grande fleur.
— jaune de Thorburn.
— de Thellusson.
Primevère des jardins variée.
Reine-Marguerite demi-naine.
très naine.
Renoncule des fleuristes.
Réséda.
Sabline de Mahon.
Schortia de Californie.
Sedum azuré.
Silène rose.
à bouquet. Muscipula rouge.
— blanc.
compacte.
hispide.
pendula.
regia.
schœfta.
Sphénogyne éclatante.
Stipa plumeux.
Tagétès étalé. OEillet d'Inde nain.
— OEillet d'Inde très nain.

Tagétès étalé. Rose d'Inde naine hâtive.
luisant.
à taches pourpres.
à petites fleurs.
Thlaspi blanc.
— julienne.
lilas.
violet foncé.
odorant.
de Tenore.
de Lagasca.
Valériane d'Alger.
Véronique gentille.
Verveine pulchella.
erinoïde.
teucrioïde.
incisa.
hybride.
de Drummond.
Violette des quatre saisons.
Viscaria à œil pourpre.
— nain.
— à fleur blanche

3° PLANTES A FLEURS ODORANTES.

Ageratum odorant.
Alysse odorante.
Aponogeton à double épi.
Belle de-nuit odorante.
-- violette.
Centaurée musquée. Ambrette violette.
— blanche.
odorante ou barbeau jaune.
Chœnostoma polyanthum

Datura d'Egyte à fleur violette.
— — à fleur blanche.
cornu.
Enothère odorante ou à grande fleur.
à feuille de pissenlit.
Erine des Alpes.
Giroflée quarantaine, *les variétés*.
— grecque, *les variétés*.
-- cocardeau rouge et blanche.

Giroflée bisannuelle, *les variétés*.
   jaune, *les variétés*.
Hebenstreitia feuille menue.
Héliotrope du Pérou.
   à grande fleur.
   de Voltaire.
Lupin jaune odorant.
   — à graine blanche.
   changeant.
   — de Cruikshank.
Martynia pourpre odorant.
Mauve musquée.
Mimule musqué.
Muguet de Mai.
OEillet double ordinaire.

OEillet double flamand.
   — de fantaisie, *les variétés*.
   mignardise.
Pétunie odorante.
Pois de senteur, *les variétés*.
Réséda.
Rudbeckia bicolore.
Schizopétalum de Walker.
Tagétès luisant.
Thlaspi odorant.
Trichosanthes couleuvre.
Verveine teucrioïde.
   de Drummond.
Violette des quatre saisons.

4° PLANTES A FEUILLES ODORANTES.

Anserine ambroisie.
Basilic, *les espèces et variétés*.

Humea élégant.

5° PLANTES A FEUILLES OU PORT ORNEMENTAL.

Acanthe sans épines.
Amarante bicolore.
   tricolore.
   à feuille rouge.
Anserine belvédère.
Arroche très rouge.
Balisier canne d'Inde *et variétés*.
Basilic, *les espèces et variétés*.
Berce de Sibérie.
   à grande feuille.
   des Alpes.

Chardon Marie.
Chou lacinié panaché rouge.
   — — blanc.
   frisé vert.
   — rouge.
   — prolifère *ou* à aigrette.
   — panaché rouge.
   — — blanc.
   — de Naples.
   palmier.
Cinéraire maritime

Euphorbe panachée.
Férule commune.
    de Naples.
    de Tanger.
Ficoïde glaciale.
Livèche du Péloponnèse.
Mauve frisée.
Morelle à feuille laciniée.
Panicaut des Alpes.
Phytolacca. Raisin d'Amérique.
Poirée à carde rouge *ou* du Brésil.
Poirée à carde jaune *ou* du Brésil.

Rhubarbe du Népaul.
    palmée.
    ondulée.
Ricin grand.
    petit.
    pourpre.
Sauge hormin.
    sclarée.
Sensitive.
Varaire blanc.
    noir.

6° PLANTES GRAMINÉES.

Agrostide gentille.
Brize tremblante.
    à grande fleur.

Lamarckia doré.
Stipa plumeux.

7° PLANTES A FRUIT D'ORNEMENT.

Aubergine blanche. Plante aux œufs.
Blette effilée. Epinard fraise.
    en tête.
Cardiosperme. Pois de cœur.
Chenille petite.
    grosse.
    rayée.
    velue.
Coloquinte, *les variétés*.
Concombre serpent.
    d'attrape. Momordique.
    Dudaïm.
    Chaté.
    métulifère.

Coqueret officinal.
Courge, *les variétés*.
Coton herbacé.
    nankin.
Hérisson.
Larmes de Job.
Limaçon.
Martynia annuel. Cornaret.
Momordique. Pomme de merveille.
    à feuille de vigne.
Piment, *les variétés*.
Sicyos à feuille anguleuse.
Trichosanthes couleuvre.
    Vers.

8° PLANTES AQUATIQUES.

Aponogeton à double épi.
Balisier canne d'Inde *et variétés*.
Benoîte des ruisseaux.
Butome. Jonc-fleuri.
Caltha des marais.
Choin marisque.
Cirse oléracé.
Epilobe rose.
Gentiane à grande fleur.
    pneumonanthe.
    des Alpes.
    amarelle.
    de Bavière.
Lysimaque commune.
Mâcre. Châtaigne d'eau.
Massette à large feuille.
Menyanthe. Trèfle d'eau.

Mimule ponctué.
    rivularis.
    speciosus.
Myosotis. Souvenez-vous de moi.
Nénuphar blanc. Lis d'eau.
    jaune.
Parnassie des marais.
Pédiculaire des marais.
Persicaire du Levant rouge.
    — blanche.
Phalaris roseau.
Plantain d'eau.
Renoncule aquatique.
    à feuille d'aconit.
Sagittaire. Flèche d'eau.
Salicaire.
Thalia blanc.
    ETC.,

9° PLANTES POUR ROCHERS OU ROCAILLES.

Alysse corbeille d'or.
    deltoïde.
    des montagnes.
Ancolie des Alpes.
Arabette des Alpes.
Aster des Alpes.
Astragale de Montpellier.
Astrance petite.
Benoîte rampante.
Berce des Alpes.

Brunelle à grande fleur.
Bugrane à feuille ronde.
Campanule pyramidale.
    — blanche.
    à feuille en cœur.
    à épi.
    en thyrse.
Crucianelle à long style.
Cymbalaire.
Draba faux-aizoon.

Dracocéphale d'Autriche.
Dryas à huit pétala.
Eccremocarpus grimpant.
Epilobe à feuille de romarin.
    à feuille étroite.
Fumeterre jaune.
    fongueuse.
Géranium herbe à Robert.
Giroflée jaune, *les variétés*.
Gypsophila élégant.
Hélianthème pulvérulent.
Iris germanique.
    naine.
    hybride.
Joubarbe des toits.
Lin des montagnes.
Linaire des Alpes.
Livèche du Péloponnèse.
Mimule ponctué.
    speciosus.
Muflier, *les variétés*.
OEillet superbe.
Oreille d'ours. Auricule.
Orpin à odeur de rose.
    rougeâtre.
    àcre.
    réfléchi.

Panicaut des Alpes.
Pétunie odorante.
    phœnicea *ou* violette.
    hybride.
Potentille ascendante.
Rhapontic scarieux.
Sabline de Mahon.
    à feuille de mélèze.
Sanvitalia rampant.
Saxifrage granulé.
    tridactyle.
    hypnoïde.
    faux-aizoon.
Sedum azuré.
Silène à courte tige.
Stipa plumeux.
Trachélie bleue.
Valériane des jardins rouge.
    — rouge foncé.
    — blanche.
Verveine pulchella.
    erinoïde
Violette. Pensée de Rouen.
    à deux fleurs.
    du Mont-Cenis.
    à long éperon.
      ETC.,

10° PANTES CROISSANT A L'OMBRE SOUS BOIS.

Actea à épi.
Ancolie des jardins variée.
Bryone dioïque (*grimpante*).
Campanule gantelée.
    à large feuille.

Centaurée barbeau vivace.
Cyclamen d'Europe.
    — blanc.
Doronic herbe aux panthères.
Galeobdolon jaune.

Gentiane asclépiade.
Géranium sanguin.
Gremil violet.
Impatiens glanduligère.
— à fleur blanche.
à trois cornes.
ne me touchez pas.
Iris germanique.
· hybride.
Lunaire vivace.
Mélitte des bois.
Morelle. Douce-Amère (*grimpante*).
Muguet de Mai.
Sceau de Salomon.
Ornithogale des Pyrénées.

OEillet superbe.
Orobe printanier.
noir.
Phalangère rameuse.
Pigamon à feuille d'ancolie.
Polemoine. Valériane grecque.
Primevère des jardins.
à grande fleur.
Pulmonaire officinale.
Scille penchée.
Tamme commun (*grimpante*,
Vesce pisiforme.
Violette des quatre saisons.
à deux fleurs.
ETC.,

11° PLANTES POUR GRANDS MASSIFS.

Achillée à feuille de filipendule.
Amarante mélancolique.
gigantesque.
queue de renard.
— jaune.
Arroche très rouge.
Asclépiade à la ouate.
Astragale galégiforme.
Balisier canne d'Inde *et variétés*.
Buglosse d'Italie
Centaurée. Bleuet *ou* Barbeau varié.
macrocéphale.
d'Amérique.
Chrysanthème des jardins.
Dahlia double varié.
Digitale pourpre.
— à fleur blanche
— à fleur rose.

Dracocéphale de Virginie.
Enothère odorante.
Férule commune.
de Tanger.
Galega officinal.
— blanc.
Immortelle à bractées.
— à fleur blanche.
— — monstrueuse,
Impatiens glanduligère.
— à fleur blanche.
Lavatère en arbre.
olbia.
Lupin changeant.
— de Cruikshank.
polyphylle *et ses variétés*.
macrophylle.
Mauve frisée.

Mauve de la Chine.
   — à fleur blanche.
   de l'Ile de France *ou* d'Alger.
Monarde fistuleuse.
Pavot de Tournefort.
   à bractées.
Persicaire du Levant rouge.
   — blanche.
Phytolacca. Raisin d'Amérique.
Pied-d'alouette des blés à fl. double.
   vivace.
Ricin grand.

petit.
pourpre.
Rose-trémière, *les variétés.*
   de la Chine.
   — rouge.
Sauge sclarée.
Soleil *ou* Tournesol double.
Tabac de Virginie.
   glauque.
   à longue fleur.
Tithonia à fleur de tagétès.
   ETC.,

12° PLANTES DES ALPES.

Les plantes alpines demandent des soins particuliers ; leur *habitat* sur les hautes montagnes et dans un air très vif leur fait supporter difficilement le climat des villes : les graines de ces plantes germent capricieusement et quelquefois tardivement ; on devra de préférence les semer dans des terrines ou des pots et dans de la terre de bruyère ; ces considérations nous ont engagé à en faire un classement particulier.

Quelques plantes des Alpes (ce ne sont pas les moins intéressantes) se développent et fleurissent presque sous la neige comme la *Soldanelle*, l'*Anémone vernalis*, etc.; on a suppléé avec un certain succès cet abri naturel par des feuilles bien sèches qu'on enlève au mois de mai : ces essais devront, néanmoins, être répétés et suivis.

Achillée à grande feuille.
   musquée.
Aconit à grande fleur
   anthora.
Actea à épi.
Adonide de printemps.
Alysse des montagnes.
   à feuille de giroflée.
Ancolie des Alpes.
Androsace carné.
   de Vitalli.
Anémone de printemps.
   des Alpes.

Anémone des Alpes couleur de soufre.
   à fleur de narcisse.
   fraise.
   de Haller.
Arabette des Alpes.
Asphodèle rameux.
Aster des Alpes.
Astrance petite.
Benoîte des montagnes.
   rampante.
   des ruisseaux.
Berce des Alpes.
Bugrane à feuille ronde

Campanule barbue.
    en épi.
    de Bologne.
    en thyrse.
    en tête.
Carline acaule.
Centaurée. Barbeau vivace.
    plumeuse.
Doronic à feuille de paquerette.
Dracocéphale d'Autriche.
Drave faux-aizoon.
Dyras à huit pétales.
Erine des Alpes.
Fumeterre jaune.
Gentiane à grande fleur.
    des Alpes.
    asclépiade.
    des champs.
    jaune.
    ponctuée.
    pourpre.
    printanière.
    utriculeuse.
    amarelle.
    de Bavière.
    perce-neige.
Gesse hétérophylle.
Impatiens ne me touchez pas.
Linaire des Alpes
Livéche du Péloponnèse.
Lunaire vivace.
OEillet superbe.

OEillet des Alpes.
    des collines.
Orobe printanier.
    jaune.
Orpin à odeur de rose.
Panicaut des Alpes.
Pédiculaire verticillée.
Polygala faux-buis.
Potentille ascendante.
    à grande fleur.
Primevère farineuse.
Renoncule à feuille d'aconit.
    glaciale.
    à feuille de parnassie.
Rhapontic scarieux.
Sabline à feuille de mélèze.
Saponaire faux basilic.
Saxifrage faux-aizoon.
Scabieuse des Alpes.
    graminée.
Silène à courte tige.
Soldanelle des Alpes.
Trèfle des Alpes.
    brun clair.
Tussilage blanc de neige.
Varaire blanc.
    noir.
Vesce pisiforme.
    fausse esparcette.
Violette à long éperon.
    du Mont-Cenis.
    à deux fleurs.

13° PLANTES ANNUELLES QU'ON PEUT SEMER EN SEPTEMBRE-OCTOBRE.

Adonide d'été.
Alysse odorante.
Anagallis, Mouron à grande fleur, rose.
    — superbe.
    — carné.
    — bleu.
    de Philips.
    frutescent.
Campanule miroir de Vénus.
    — lilas.
    — blanche.
    de Lore bleue.
    — à fleur blanche.
    pentagonale.
Centaurée. Barbeau varié.
    Barbeau panaché.
    musquée, ambrette violette.
    — blanche.
    d'Amérique.
Clarkia pulchella rose.
    — blanc.
Collinsia à grande fleur.
    bicolore.
Coquelicot double varié.
Coréopsis élégant.
    — pourpre.
    — à fleur tuyautée.
    peint *ou* de Drummond.
Crépis rose.
    blanc.
Enothère odorante *ou* à grande fleur.
Erysimum de Petrowski.
Escholtzie de Californie
    orangée.
Gilia à fleur en tête

Gilia à fleur en tête, blanc.
Godetia rubicond.
    lie de vin.
    lepida.
Immortelle annuelle violette.
    — blanche.
    à bractées.
    — à fleur blanche.
    — — monstrueuse.
    à grande fleur.
Impatiens ne me touchez pas.
    à trois cornes.
Julienne *ou* Giroflée de Mahon.
    — à fleur blanche.
Kaulfussia amelloïde.
Leptosiphon androsace.
    — à fleur blanche.
    à grande fleur.
Mimule ponctué.
    rivularis.
    speciosus.
    cardinal.
    — *var.* fortunatus.
    — *var.* couleur de sang.
    — *var.* orange.
    de Hudson.
    musqué.
Nemophila remarquable.
    — à fleur blanche.
    à disque brun.
    ponctué.
    — à fleur bleue.
OEillet de la Chine à fleur double.
    — — blanche double.
    — à large feuille.

Vilmorin-Andrieux et Cie.

Pavot double varié.
— brun noir.
— blanc.
— panaché.
— nain liseré.
— *et autres variétés.*
Pensée des jardins.
vivace à grande fleur *ou* anglaise.
Phlox de Drummond.
Pied-d'alouette grand, *les variétés.*
nain, *les variétés.*
des blés à fleur double.
Pois-de-senteur varié.
blanc.
panaché rose.
— violet.
et autres variétés.
Rose-trémière de la Chine.
— rouge.
Rudbeckia bicolore.
Scabieuse des jardins.
— naine.
Schizanthe émoussé.
de Graham.
Sedum azuré.
Seneçon des Indes violet *ou* lilas simple.
— — double.
— blanc *(rosé)* simple.
— — double.

Seneçon des Indes violet foncé simple
— — — double.
Silène à bouquet. Muscipula rouge.
— blanc.
compacte.
pendula.
Tagétès luisant.
Thlaspi blanc.
— julienne.
lilas.
violet foncé.
de Lagasca.
Tournefortia fausse héliotrope.
Valériane d'Alger.
Verveine de Miquelon.
pulchella.
pulcherrima.
erinoïde.
venosa.
de Drummond.
teucrioïde.
incisa.
var. hybrides en mélange.
Viscaria à œil pourpre.
— nain.
— à fleur blanche

Et peut-être plusieurs autres que de nouveaux essais feront connaître.

CHOIX DE PLANTES

LES PLUS REMARQUABLES

POUR FORMER DES MASSIFS,

CLASSÉES PAR PREMIER, DEUXIÈME ET TROISIÈME PLAN [*].

LES PLANTES POUR PREMIER PLAN

sont celles dont les détails échapperaient à distance ; elles peuvent être placées au second plan, mais elles y perdent de leur valeur. — Les plantes odorantes sont nécessairement comprises dans cette catégorie.

Aconit casque ou napel.	Anagallis de Philips.
Adonide d'été.	frutescent.
Ageratum du Mexique.	Ancolie des jardins double variée.
Alstroëmère du Chili.	— panachée.
Amarante tricolore.	du Canada.
bicolore	Anémone des fleuristes.
Amarante crête de coq.	Anthémis d'Arabie.
— naine.	Argémone à grande fleur.
Amarantoïde, *les variétés.*	Asclépias tubéreux.
Anagallis. Mouron à grande fleur. rose.	Baguenaudier d'Éthiopie.
— superbe.	— à grande fleur.
— carné.	Balsamine, *les variétés.*
— bleu.	Belle-de-jour. Liseron tricolore.

---

[*] Cette liste forme un choix des plantes qui font le plus d'effet ; elle pourra éviter des recherches sur la liste générale. Le classement dont elle est l'objet n'est rien moins qu'absolu, *et ne devra être considéré que comme une indication.* Une partie des plantes désignées pour premier plan ne produiraient pas, dans l'éloignement, tout l'effet qu'elles comportent ; mais les plantes notées pour deuxième et troisième plan seraient presque toutes satisfaisantes placées à un plan plus rapproché

Belle-de-jour à fleur blanche.
— violette.
à grande fleur.
à fleur panachée.
Belle-de-nuit, *les variétés*.
odorante *ou* jalap du Mexique.
Benoite du Chili.
Brachycome à feuille d'ibéride.
Buglosse d'Italie.
Cacalie écarlate.
orange.
Calandrinia élégante.
à grande fleur.
Calcéolaire hybride.
Centaurée bleuet *ou* barbeau varié.
barbeau panaché.
musquée. Ambrette violette.
— blanche.
odorante *ou* barbeau jaune.
Chou frisé panaché rouge.
— — blanc.
— de Naples.
lacinié panaché rouge.
— — blanc.
Chou-rave à feuille d'artichaut.
Chrysanthème à carène.
Cinéraire hybride.
Clarkia pulchella rose.
— blanc.
élégant.
— à fleur double.
— — carnée.
— — — double.
Cléome épineux.
violet.
Collinsia bicolore.
Comméline tubéreuse.
Coréopsis élégant pourpre.

Eucnide à fleur de bartonia.
Eutoca visqueux.
Gaillarde peinte.
Gilia tricolore, *les variétés*.
Giroflée quarantaine, *les variétés*.
grosse espèce, *les variétés*.
Giroflée jaune, *les variétés*.
Héliotrope, *les variétés*.
Hugélie bleue.
Ipomopsis élégant.
Iris, *les variétés*.
Ketmie d'Afrique.
Leptosiphon androsace.
— à fleur blanche.
à grande fleur.
Lin vivace de Sibérie
Lupin nain.
de Hartweg.
Mauve de l'Ile-de-France *ou* d'Alger.
Mimule speciosus.
cardinal, *les variétés*.
Morelle à feuille laciniée.
Morina à longue feuille.
Muflier, *les variétés*.
Nemophila remarquable, *les variétés*.
ponctué, *les variétés*.
Nolana à feuille d'arroche.
OEillet double ordinaire.
mignardise.
de poète, *les variétés*.
de la Chine à fleur double, *les variét.*
Pensée vivace à grande fleur *ou* anglaise.
Pentstemon gentianoïde écarlate.
Pétunie hybride
Phlox de Drummond.
Pied-d'alouette nain varié.
des blés à fleur double.
Piment, *les variétés*.

Pourpier à grande fleur.
    — de Thellusson.
Renoncule des fleuristes.
Salpiglossis hybride.
Sauge à large fleur bleue.
Scabieuse des jardins.
Schizanthe à feuille ailée.

Schizante de Graham.
Sphénogyne éclatante.
Stenactis speciosa.
Tagétès à taches pourpres.
Tigridia œil de paon.
Trachélie bleue.
Viscaria à œil pourpre, *les variétés*.

LES PLANTES POUR DEUXIÈME PLAN

sont celles dont les fleurs ont des couleurs vives et franches, et celles dont les fleurs ressortant bien des feuilles, font de l'effet par leur réunion ; la dimension des plantes n'a pas d'importance.

Æthionema du Mont-Liban.
Alysse corbeille d'or.
    odorante.
Amarante queue de renard
Ancolie de Sibérie.
Anserine belvédère.
Callichroa platyglossa.
Campanule à grosse fleur violette.
    — violette double.
    — blanche.
    — — double.
    miroir de Vénus.
    — lilas.
    à feuille en cœur
Capucine grande.
    — brune.
Carthame des teinturiers
Chou frisé vert.
    — rouge.
Collinsia à grande fleur
Collomia écarlate.
Coquelourde rouge.
    blanche.
    — à cœur rose
    fleur de Jupiter.
    rose du ciel.

Coréopsis élégant.
    peint *ou* de Drummond.
Crépis rose.
    blanc.
Cupidone bleue.
    blanche.
Dahlia double varié.
Datura d'Égypte à fleur violette.
    — à fleur blanche.
    cornu.
    Metel.
Enothère blanche.
    de Drummond.
Erysimum de Petrowski.
Escholtzie de Californie.
    orangée.
Fraxinelle rouge.
    blanche.
Galega d'Orient.
Gilia à fleur en tête.
Godetia rubicond.
Gypsophila élégant.
Hémérocalle bleue.
Humea élégant.
Immortelle annuelle violette.
    — blanche.

Immortelle à bractées.
— à fleur blanche.
à grande fleur.
Julienne *ou* Giroflée de Mahon.
— à fleur blanche.
Kaulfussia amelloïde.
Lavatère à grande fleur rose.
— blanche.
Lupin petit bleu.
grand bleu.
rose.
jaune odorant.
des ruisseaux.
Lychnide croix de Jérusalem rouge.
Malope à trois lobes.
à grande fleur.
— blanche.
Nemophila remarquable à fleur blanche.
ponctué.
Nigelle de Damas.
Pavot double varié.
Pervenche de Madagascar rose.
— blanche.
Pétunie odorante.
phœnicea *ou* violette.
Phacelia bipinnatifide.
Phlox varié.
Pied-d'alouette grand varié.
des blés à fleur double.
à grande fleur.
Poirée à carde rouge *ou* du Brésil.
— jaune *ou* du Brésil.
Reine-Marguerite, *les variétés.*
Sainfoin d'Espagne.
Seneçon des Indes violet double.
— blanc double.
— violet foncé double.
Silène à bouquet. Muscipula rouge.

Silène à bouquet blanc.
pendula.
d'Orient.
Souci double des jardins.
à bouquet *ou* prolifère.
Statice faux-arméria.
Tagétès étalé. OEillet d'Inde.
— nain.
— très nain.
— rayé.
Rose d'Inde.
— naine hâtive.
luisant.
Thlaspi blanc.
— julienne.
lilas.
violet foncé.
odorant.
de Lagasca.
Tournefortia fausse héliotrope.
Valériane des jardins rouge.
— rouge foncé.
— blanche.
d'Alger.
Verveine de Miquelon.
pulchella.
pulcherrima.
erinoïde.
venosa.
de Drummond.
teucrioïde *et ses variétés.*
incisa *et ses variétés.*
Zinnia élégant *ou* à grande fleur, violet.
— cocciné.
— pourpre.
— blanc.
— jaune.

LES PLANTES POUR TROISIÈME PLAN

sont celles que leur dimension permet de placer à distance et qui ont, en même temps, des fleurs grandes et voyantes ; elles pourraient figurer au second plan, mais elles sont trop élevées pour être au premier.

Achillée à feuille de filipendule.
Amarante à feuille rouge.
   mélancolique.
   gigantesque.
Arroche très rouge (*la feuille*).
Balisier. Canne d'Inde.
Berce à grande feuille.
Campanule pyramidale bleue.
   — blanche.
Centaurée d'Amérique.
Chou palmier.
Dahlia double varié.
Digitale pourpre.
   — à fleur rose.
   — à fleur blanche.
Dracocéphale de Virginie.
Enothère odorante *ou* à grande fleur.
Galega officinal.
   — blanc.
Lavatère à grande fleur rose.
   — blanche

Lavatère olbia.
Lupin changeant.
   — de Cruikshank.
   polyphylle, *les variétés*.
   macrophylle.
Matricaire mandiane.
Pavot de Tournefort.
   à bractées.
Persicaire du Levant rouge.
   — blanche.
Pied-d'alouette vivace.
Rhubarbe du Népaul.
   palmée.
   ondulée.
Ricin grand.
   pourpre.
Rose-trémière, *les variétés*.
Soleil *ou* Tournesol double.
Tabac de Virginie.
   glauque.

CLASSEMENT PAR COULEURS.

Les difficultés que présente ce travail seront une excuse pour ses imperfections ; il est, en effet , impossible de comparer d'une manière positive toutes les plantes dont les coloris se rapprochent, parce qu'elles fleurissent à des époques différentes ; c'est donc une œuvre de mémoire d'autant mieux sujette à la critique qu'il est toujours difficile, en tout état de cause, que plusieurs personnes tombent d'accord sur des nuances. Quoi qu'il en soit, nous pensons que les listes qui suivent pourront être quelquefois consultées avec intérêt.

ORDRE DES SÉRIES.

1° Blanc..........	du	Blanc jaunâtre.
	par le	Blanc.
	au	Blanc rosé.
2° Rose....	du	Carné.
	par le	Rose.
	au	Rose violacé
3° Bleu.	du	Gris de lin.
	par le	Lilas.
	le	Bleu pâle.
	le	Bleu.
	le	Bleu foncé.
	au	Bleu violacé.
4° Violet.	du	Violet pâle.
	par le	Violet.
	au	Violet foncé.
5° Brun.	du	Brun violet.
	par le	Brun noir.
	au	Brun mordoré.
6° Rouge	du	Rouge brun.
	par le	Rouge.
	à	l'Écarlate.
7° Orange.		
8° Jaune	du	Jaune obscur.
	par le	Jaune.
	au	Jaune pâle.

9° Fleurs Bicolores. . . . .
- *où le* Blanc domine.
- *où le* Bleu domine.
- *où le* Pourpre noir domine.
- *où le* Rose et le Rouge dominent.
- *où le* Jaune domine.

10º Fleurs Ponctuées ou marbrées.
- *à* fond blanc.
- *à* fond rose.
- *à* fond bleu.

11° Fleurs Striées variées.

12º Fleurs Panachées. . . . .
- *à* fond blanc.
- *à* fond jaune.
- *à* variétés non fixées séparément.

13º Fleurs Tricolores.

14º Fleurs à Variétés nombreuses en mélange non fixées séparément.

15º Feuilles
- Unicolores.
- Multicolores.

1° FL. BLANCHES.

Série : *du*   Blanc jaunâtre.

par le Blanc.

au Blanc rosé.

Ornithogale des Pyrénées.	Belle-de-nuit blanche.
Tabac paniculé.	Alysse odorante.
Campanule en thyrse.	à feuille de giroflée.
Mâcre. Châtaigne d'eau.	Aponogeton à double épi.
Bryone dioïque.	Asclépias frutescent.
Impatiens glanduligère à fleur blanche.	Asphodèle rameux.
Cynoglosse à feuille de lin.	Balsamine blanche.
Ketmie des marais.	naine blanche.
Anémone à feuille de vigne.	Belle-de-nuit odorante *ou* jalap du Mexique.
de printemps.	Brachycome à feuille d'ibéride à fl. blanche.
Muguet. Sceau de Salomon.	Campanule pyramidale blanche.
Matricaire double.	à grosse fleur blanche.
Crambe juncea.	— — double.
Tabac à feuille de dentelaire.	miroir de Vénus blanche.
à longue fleur.	de Lore blanche.
Ammobium ailé.	Browalle droite blanche.
Pentstemon gentianoïde blanc.	Galega officinal blanc.
Immortelle annuelle blanche.	Gilia à fleur en tête, blanc.
Amarantoïde blanche.	Clarkia pulchella blanc.
Chrysanthème des jardins à fleur blanche.	Coquelourde blanche.
Centaurée musquée blanche.	Crépis blanc.
Parnassie des marais.	Cyclamen d'Europe blanc.
Fraxinelle blanche.	Datura Metel.
Muflier blanc.	Digitale pourpre à fleur blanche.
Achillée à grande feuille.	Dolique d'Egypte à fleur blanche.
musquée.	Doronique à feuille de paquerette.
Datura d'Egypte à fleur blanche.	Dryas à huit pétales.
Pétunie odorante.	Giroflée quarantaine anglaise blanche.
Actea à épi.	— — Kiris blanche.

Giroflée quarantaine anglaise Kiris blanche.

— — — blanche très naine.

— demi-anglaise blanche.

— cocardeau blanc.

grosse espèce *ou* bisannuelle blanche.

Gypsophila élégant.

Haricot d'Espagne blanc.

Hélianthème pulvérulent.

Immortelle à bractées à fleur blanche.

Ipomée épineuse

Lavatère à grande fleur blanche.

Leptosiphon androsace à fleur blanche.

Leuceria à fleur de seneçon.

Leucopsidium des Arkansas.

Lis blanc.

à feuille lancéolée.

Lupin polyphylle blanc.

Malope à grande fleur blanche.

Matricaire mandiane.

Balsamine blanc pur.

Maurandia à fleur blanche.

Mauve de la Chine à fleur blanche.

Nemophila remarquable à fleur blanche.

Nénuphar blanc.

Muguet de Mai.

Narcisse des poètes.

Argémone à grande fleur.

du Mexique à fleur blanche.

Nivéole d'été *ou* à bouquet.

Paquerette petite.

Pavot double blanc.

Persicaire du Levant blanche.

Phalangère rameuse.

Pois-de-senteur blanc.

vivace à fleur blanche.

Polemoine. Valériane grecque, blanche.

Potentille ascendante.

Primevère de la Chine à fleur blanche.

Primevère de la Chine à pétales frangés à fleur blanche.

Orpin rougeâtre.

Pied-d'alouette nain blanc pur.

Reine-Marguerite double très naine blanche.

— pyramidale blanche.

— — demi-naine blanche.

Renoncule aquatique.

à feuille d'aconit.

glaciale

à feuille de parnassie.

Rose-trémière double blanche.

Arabette des Alpes.

Sabline de Mahon.

à feuille de mélèze.

Gilia tricolore blanc.

Julienne de Mahon à fleur blanche.

Anémone des Alpes.

Aconit casque à fleur blanche.

Sagittaire. Flèche d'eau.

Sainfoin d'Espagne à fleur blanche.

Saxifrage granulé.

tridactyle.

hypnoïde.

Schizopétalum de Walker.

Silène à bouquet. Muscipula blanc.

Souci hybride.

Stevia à feuille en scie.

Tabac ondulé.

Thlaspi blanc.

— julienne.

odorant.

de Lagasca.

toujours vert.

Trichosanthes couleuvre.

Valériane des jardins blanche.

Véronique de Virginie.

Zinnia élégant blanc.

Lychnide croix de Jérusalem blanche.
Lobelia grêle.
Chœnostoma polyanthum.
Astrance petite.
Carline acaule.
Menyanthe. Trèfle d'eau.
Œillet de la Chine à fleur blanche.
    superbe.
Acanthe sans épines.
Asclépias à la ouate.
Belle-de-nuit hybride.
Butome. Jonc-Fleuri.
Anémone fraise.
    à fleur de narcisse.
Enothère à feuille de pissenlit.

Enothère blanche.
Pied-d'alouette nain blanc nacré.
Giroflée quar. angl. Kiris blanc nacré.
Plantain d'eau. Fluteau.
Seneçon des Indes blanc simple.
    — — double.
Datura cornu.
Thlaspi de Tenore.
Cléome épineux.
Dracocéphale de Moldavie à fleur blanche.
Pigamon à feuille d'ancolie.
Hebenstreitia à feuille menue.
Fumeterre fongueuse.
Tussilago nivea.

2° FL. ROSES.

Série : *de la* Couleur de chair.
        par le Rose.
        au Rose violacé.

Balsamine double couleur de chair soufrée.
Amarantoïde couleur de chair.
Giroflée quar. angl. Kiris coul. de chair.
Francoa à feuille de laitron.
    appendiculé.
Cléome pentaphylle.
Pied d'alouette grand couleur de chair.
    nain couleur de chair.
Balsamine double couleur de chair.
    — à rameau couleur de chair.
Clarkia élégant à fleur carnée.
    — — — double.
Anagallis à grande fleur, carné.
Reine-Marguerite très naine coul. de chair.
    demi-naine couleur de chair.

Reine-Marguerite anémone couleur de chair.
Giroflée quarant. angl. couleur de chair.
    — — fleur de pommier.
Lychnide croix de Jérusalem coul. de chair.
Tabac de Virginie.
    glutineux.
Androsace carné.
Saponaire officinale.
Giroflée quarant. angl. Kiris fl. de pêcher.
Amarante crête de coq rose.
Dracocéphale de Virginie.
    des Canaries.
Maurandia à fleur de muflier.
    toujours fleuri.
Mauve musquée.

Rhapontic scarieux.

Crépis rose.

Morina à longue feuille.

Pentstemon gentianoïde rose.

     élégant rose.

     campanulé.

Chrysanthème carné.

Balsamine double rose.

Saponaire faux-basilic.

Coquelourde rose du ciel.

Giroflée quarantaine anglaise rose tardive.

     — — — hâtive.

Lupin rose.

Digitale pourpre à fleur rose.

Podolepis gracilis.

Gesse hétérophylle.

Æthionema du Mont-Liban.

Reine-Marguerite anémone rose.

Pied-d'Alouette grand rose.

     nain rose.

Statice faux-armeria.

Rhodanthe de Mangles.

Calandrinia élégant.

     à grande fleur.

Silène d'Orient.

Incarvillea de la Chine.

Phytolacca. Raisin d'Amérique.

Silène schœfta.

     à courte tige.

Galane barbue.

Digitale pourpre.

Lavatère olbia.

Rose-trémière double rose.

Géranium musqué.

Valériane d'Alger.

Maurandia de Barclay *var.* de Lacey.

Coquelourde fleur de Jupiter.

Anagallis *ou* Mouron à grande fleur, rose.

Bugrane à feuille ronde.

Lavatère à grande fleur rose.

Enothère rose.

Pédiculaire des marais.

Primevère farineuse.

Malope à trois lobes.

Silène à bouquet. Muscipula, rouge.

     compacte.

     rose.

     regia.

     hispide.

     pendula.

Lophospermum grimpant.

Epilobe hérissé.

Statice de Tartarie.

Godetia lepida.

Mimule d'Hudson.

Giroflée quarant. angl. rouge brique clair.

Asclépias incarnat.

Joubarbe des toits.

Impatiens glanduligère.

Cuphea visqueux.

Trèfle des Alpes.

Salicaire.

Centaurée plumeuse.

Crucianelle à long style.

Stevia pourpre.

Digitale pourpre.

Ipomée à fleur d'althœa.

Primevère de la Chine.

     — à pétales frangés.

Cosmos bipinné.

Dahlia à fleur de cosmos.

Œillet des collines.

Anémone du Japon.

Clarkia pulchella rose.

Lychnide sauvage.

Eucharidium concinnum.

Eucharidium à grande fleur.
Calandrinia pilosiuscula.
    speciosa.
Oxalis à fleur rose.
Maurandia de Barclay à fleur rose.
Fraxinelle rouge.
Clarkia élégant.
   — à fleur double.
Godetia lie de vin.
Géranium herbe à Robert.
Linaire à grande fleur.
Lopezia en couronne.
Julienne de Mahon.

Immortelle à grande fleur.
Cyclamen d'Europe.
Pois vivace.
Colchique d'automne.
Phlomis tubéreux.
Pervenche de Madagascar rose.
Pied-d'Alouette nain mauve.
    grand mauve.
Gilia tricolore rose.
Jurinée ailée.
Linaire à trois feuilles.
Lunaire vivace.
Anémone de Haller.

3° FL. BLEUES.

Série : *du*   Gris de lin
    par le Lilas.
    le   Bleu pâle.
    le   Bleu.
    le   Bleu foncé.
    au   Bleu violacé.

Pied-d'Alouette nain gris de lin
Agathea spatulé.
Balsamine double gris de lin
Giroflée quarantaine anglaise bleu clair
Verveine érinoïde.
Scabieuse du Caucase.
Stenactis speciosa
Erigeron glabre.
Eutoca de Menzies.
Giroflée quarant. angl. coul. de cendre foncé.
Isotoma axillaire.

Phacelia à feuille de tanaisie
Tournefortia fausse héliotrope.
Giroflée quarantaine anglaise lilas pâle.
Leptosiphon androsacé
Sida en crête.
Verveine de Drummond
Cymbalaire.
Leptosiphon à grande fleur
Anthadenia sésamoïde
Thlaspi lilas.
Verveine pulchella

Centaurée d'Amérique.
Grindelia de Sibérie.
Campanule miroir de Vénus lilas.
Reine-Marguerite pyr^le 1/2-anémone lilas.
Héliotrope du Pérou.
        à grande fleur.
Browalle tombante.
Reine-Marguerite anémone lilas foncé.
Panicaut des Alpes.
Ageratum odorant.
        du Mexique.
Aster fragile.
Sedum azuré.
Mélilot bleu.
Statice à balais.
Violette. Pensée de Rouen.
Scabieuse graminée.
Véronique multifide.
Giroflée quar. angl. Kiris bleu pâle.
Nigelle d'Espagne.
        —— naine.
Gesse azurée.
Lobelia erinus.
Gesse du lord Anson.
Galega officinal.
        d'Orient.
Campanule en épi.
        pyramidale bleue.
        pentagonale.
        barbue.
        élevée.
Ipomée à feuille de lierre.
        de Michaux.
Myosotis. Scorpione des marais.
Nigelle de Damas.
Ancolie de Sibérie.
Véronique à épi.
Polemoine. Valériane grecque, bleue.

Cupidone bleue.
Gilia à fleur en tête.
Phacelia bipinnatifide.
Lin vivace de Sibérie.
Statice limonium.
Hémerocalle bleue.
Gentiane asclépiade.
        à grande fleur.
        croisette.
        perce-neige.
        pneumonanthe.
Lobelia syphilitica
Campanule à large feuille.
        de Bologne.
        hérissée.
        à feuille en cœur.
        en tête.
        gantelée.
Browalle droite bleue.
Podalyre de la Caroline.
Ancolie des Alpes.
Lupin grand bleu.
        petit bleu.
        polyphylle.
Hugélie bleue.
Aconit casque ou napel.
Kaulfussia amelloïde.
Héliophile à feuille d'arabette.
Buglosse toujours verte.
Entoca visqueux.
Aster des Alpes.
Centaurée. Barbeau vivace.
Brunelle à grande fleur.
Lobelia rameux.
Lin des montagnes
Tweedia bleu.
Buglosse d'Italie.
Comméline tubéreuse.

Anagallis à grande fleur, bleu.
    de Philips.
Pied-d'Allouette vivace.
    à grande fleur.
Sauge à large fleur bleue.
Vesce fausse esparsette.
Campanule à grande fleur.
Gentiane de Bavière.
    printanière.
    utriculeuse.
    des Alpes.
Collinsia à grande fleur.

Améthystée bleue
Véronique gentille.
Trachélie bleue.
Scille penchée.
Géranium des près.
Dracocéphale d'Autriche.
Giroflée quarantaine anglaise ardoisée.
Héliotrope de Voltaire.
Giroflée quarant. angl. lilas foncé rougeâtre.
Orobe printanier.
Alysse deltoïde.
Gilia tricolore à fleur bleue.

4° FL. VIOLETTES.

Série : *du*   Violet pâle.

par le Violet.

au   Violet foncé.

Giroflée quar. angl. violet bleuâtre.
Immortelle annuelle violette.
Monarde fistuleuse.
Nicandra du Pérou.
Aster agréable.
Ampherephis intermédiaire.
Erine des Alpes.
Zinnia élégant violet.
Julienne des jardins simple.
Enothère pourpre.
Campanule de Lore bleue.
Centaurée musquée. Ambrette violette.
Gentiane amarelle.
    des champs.
Cobée grimpante.
    à stipules.
Datura d'Égypte violet.

Lunaire annuelle.
Seneçon des Indes violet *ou* lilas simple.
    — — double.
Ficoïde glabre.
Campanule miroir de Vénus.
Epilobe à feuille de romarin.
    en épi.
Oxybaphus visqueux.
Giroflée jaune violette.
    — — double.
    — — — naine.
Cléome violet.
Thlaspi violet foncé.
Liatride scarieuse.
Belle-de-nuit odorante violette.
Balsamine double à fleur violette
    — violette camellia.

Balsamine double violette naine.
Linaire pourpre *ou* à fleur d'orchis.
Dolique d'Egypte à fleur violette.
Violette des quatre saisons.
    du Mont-Cenis.
    à long éperon.
Giroflée grosse espèce *ou* bisannuelle violette.
    quarantaine anglaise violette.
    — — — hâtive.
Reine-Marguerite anémone violette.
    très naine violette.
    pyramidale naine violette.
Soldanelle des Alpes.
Campanule à grosse fleur violette.
    — — double.
Aconit à grande fleur.
Anémone pulsatille.
Pied-d'Alouette grand violet
Pied-d'Alouette nain violet

Verveine pulcherrima.
    venosa.
Amarantoïde violette.
Amarante crête de coq violette.
Lavatère en arbre.
Morelle à feuille laciniée.
    Douce-Amère.
Enothère de Romangzoff.
Dracocéphale de Moldavie.
Muscari chevelu.
Giroflée quarant. angl. Kiris violet foncé.
Reine-Marguerite anémone violet foncé.
Maurandia de Barclay.
Seneçon des Indes violet foncé.
    — — — double.
Molène pourpre.
Cuphea silénoïde.
Varaire noir.

5ᵒ FL. BRUNES.

SÉRIE :   *du*   Brun violet.
       par le Brun noir.
       au   Brun mordoré.

Orobe noir
Pied-d'alouette nain brun
    grand brun.
Gouet serpentaire.
Lupin obscur.
Pavot double brun noir.
Massette à large feuille
Rose-trémière noire.
    brun marron.
Lotier Saint-Jacques

Pied-d'alouette obscur.
Giroflée quarant.angl.brun noir foncé nainc
    — — — — hâtive.
    — — Kiris *ou* grecque brun foncé.
    — demi-anglaise brun noir.
    — — canelle.
    — anglaise canelle foncé.
    jaune brune et *variétés*.
Capucine grande brune.

Vilmorin-Andrieux et Cⁱᵉ.

6° FL. ROUGES.

Benoîte des ruisseaux.
Lupin macrophylle.
Gesse d'Espagne.
Humea élégant.
Giroflée quarantaine anglaise mordoré foncé.
    — — rouge cuivré.
    — — Kiris *ou* grecque roux.
    — — rouge brun.
    — — rouge brique foncé.
Valériane des jardins rouge foncé.
Adonide d'été.
Mimule cardinal var. couleur de sang.
Coquelourde rouge.
Géranium sanguin.
Giroflée quarant. angl. Kiris rouge foncé.
Sainfoin d'Espagne.
Lobelia cardinal.
Malope à grande fleur.
Pois turc *ou* couronné à fleur rouge.
Balsamine double cramoisie.
Giroflée quarantaine anglaise cramoisie.
    — demi-anglaise cramoisie.
Thalia dealbata.
Muflier pourpre velouté.
Zinnia élégant pourpre.
Amarante crête de coq pourpre.
Prénanthe pourpre.
Scabieuse des jardins naine.
Rose-trémière de la Chine rouge.

Pentstemon gentianoïde.
Martynia pourpre odorant.
Amarante crête de coq amarante.
    — naine.
    gigantesque.
    mélancolique.
    queue de renard.
Verveine de Miquelon.
Pétunie phœnicea *ou* violette.
Giroflée quarantaine anglaise carmin foncé.
Pourpier à grande fleur.
Lophospermum d'Anderson.
Primevère à feuille de cortuse.
Gesse de Tanger.
Pédiculaire verticillée.
Giroflée quarantaine anglaise rouge.
    — 1/2-angl. Kiris rouge à grand rameau.
    — cocardeau rouge.
    grosse espèce *ou* bisannuelle rouge.
    — grecque *ou* Kiris bisannuelle.
    quarantaine anglaise carmin pâle.
Balsamine double lie de vin naine.
    — à rameau lie de vin.
Pied-d'Alouette nain lie de vin.
Rose-trémière rouge vif naine.
Persicaire du Levant rouge.
Reine-Marguerite double anémone rouge.
    — pyramidale naine rouge.
    — très naine rouge.

Zinnia roulé.
    rouge.
      — à grande fleur.
    verticillé.
Belle-de-nuit rouge.
Mimule cardinal var. fortunatus.
Balisier canne d'Inde.
Œillet des Alpes.
Rose-trémière rouge.
    rouge clair.
Amarante crête de coq rouge pivoine.
    — feu.
Balsamine double feu.
    — à rameau feu.
    — naine feu.
Valériane des jardins rouge
Baguenaudier d'Ethiopie.
    — à grande fleur.
Balsamine double feu clair
Anagallis frutescent.
    à grande fleur, superbe.
Mauve rouge.
Mimule cardinal.

Fritillaire couronne impériale.
Ipomée quamoclit.
Lychnide éclatante.
    croix de Jérusalem rouge.
Pavot de Tournefort.
Haricot d'Espagne rouge.
Pentstemon gentianoïde écarlat.
Ipomopsis élégant.
Collomia écarlat.
Stachys cocciné.
Pourpier de Thellusson.
Cacalie écarlate.
Ipomée écarlate.
Balisier à feuille étroite
    écarlate.
Lotier cultivé.
Eccremocarpus grimpant.
Asclépias de Curaçao.
Pentapétès écarlate.
Benoite écarlate.
    du Chili.
Zinnia élégant cocciné.

7° FL. ORANGES.

Loasa orange.
    — d'Herbert.
Mimule cardinal var. orange.
Carthame des teinturiers.
Epervière orangée.
Cacalie orange.
Asclépias tubéreux.
Escholtzie orangée.
Erysimum de Petrowski.

Souci double des jardins.
    à bouquet *ou* prolifère.
Tithonia à fleur de tagétès.
Balisier orange.
Pavot safrané.
Rose-trémière orange.
Ipomée écarlate var. jaune.
Anthemis d'Arabie.
Souci à la reine *ou* de Trianon.

8° FL. JAUNES.

Digitale ferrugineuse.
    jaune.
    paniculée.
    à grande fleur.
Ipomopsis élégant nankin.
Collomia à grande fleur.
Giroflée quarantaine anglaise chamois.
Amarante **crête** de coq chamois.
Rose-trémière chamois.
Giroflée quarantaine anglaise chamois foncé.
Trèfle brun clair.
Giroflée jaune.
Galeobdolon jaune.
Tagétès à petites fleurs.
Caltha des marais.
Bartonia doré.
Coréopsis peint.
Adonide de printemps.
Chrysocome doré.
Morelle cerasiforme.
Immortelle à bractées.
    — à fleur monstrueuse.
Tagétès luisant.
Anacyclus bicolor.
Calcéolaire à feuille de plantain.
Achillée à feuille de filipendule.
Tagétès. Rose d'Inde.
    — naine hâtive.
Schortia de Californie.

Rudbeckia bicolore.
Scorsonère de Tanger.
Renoncule graminée.
Potentille à grande fleur.
Benoite des montagnes.
    rampante.
Alysse corbeille d'or.
Orpin à odeur de rose.
Alysse de Wiersbeck.
Mimule musqué.
    rivularis.
Linaire à feuille de genêt.
Lupin jaune odorant.
    — à graine blanche.
Gentiane jaune.
Ficoïde de l'après-midi.
Eucnide à fleur de bartonia.
Calcéolaire à feuille ailée.
Doronic herbe aux panthères.
Soleil *ou* Tournesol double.
    nain.
Centaurée macrocéphale.
    Barbeau jaune.
Casse du Maryland.
Violette à deux fleurs.
Orobe jaune.
Alysse des montagnes.
Amarante crête de coq jaune d'or.
Balisier flasque.

Callichroa platyglossa.
Enothère de Sellow.
     odorante *ou* à grande fleur
     de Drummond.
Androsace de Vitalli.
Drave faux-aizoon.
Capucine des Canaries.
Scyphanthe élégaut.
Iris faux-açore.
Lysimaque commune
Molène blattaire.
Martynia jaune.
Saxifrage faux-aizoon
Orpin âcre.
     réfléchi.
Cinéraire maritime
Crépis barbu.
Rose-trémière jaune.
Argémone du Mexique.
Chrysanthème des jardins
     — à tuyau.
Eschollzie de Californie.
Anémone des Alpes à fleur jaune soufre.
Gaillarde vivace.
Impatiens à trois cornes.
     ne me touchez pas
Sanvitalia rampant.

Belle-de-nuit jaune.
Astragale galégiforme.
Amarante queue de renard jaune
Tabac glauque.
     rustique.
Thunbergia ailé de Fryer.
Vesce pisiforme.
Tagétès Rose d'Inde à tuyau.
Amarante crète de coq jaune pâle.
Anthemis des teinturiers.
Pavot cambrique.
     nudicaule.
Polygala faux-buis.
Zinnia élégant jaune.
     multiflore jaune.
Aconit anthora.
Scabieuse des Alpes.
Celsia arcturus.
Hémerocalle jaune.
Campanule à feuille d'orvale.
Fumeterre jaune.
Argémone jaune pâle
Lupin en arbre.
     des ruisseaux.
Thunbergia ailé jaune pâle unicolore.
Varaire blanc.

9e FL. BICOLORES.

OU LE BLANC DOMINE.

Belle-de-jour à fleur blanche
Enmanthes de Douglas.
     — à grande fleur.
Lupin changeant de Cruikshank
Coquelourde blanche à cœur rose.
Pervenche de Madagascar blanche.
Viscaria à œil pourpre à fleur blanche

Muflier bicolore
Cardiosperme. Pois de cœur.
Souci pluvial.
Cupidone blanche
Thunbergia ailé blanc.
Ketmie vésiculeuse.
     d'Afrique.

OU LE BLEU DOMINE.

Collinsia bicolore.
Nemophila phacelioïde.
Clintonia pulchella.
    élégant.
Nemophila remarquable.
Lupin nain.
    de Hartweg.

Nolana à feuille d'arroche.
    paradoxa.
Pied-d'Alouette nain bicolore gris de lin.
Gremil bleu et pourpre.
Pulmonaire officinale.
Linaire des Alpes.

OU LE POURPRE-NOIR DOMINE.

Nemophila à disque brun.
Coréopsis élégant pourpre.

Coréopsis à fleur tuyautée

OU LE ROSE ET LE ROUGE DOMINENT.

Viscaria à œil pourpre.
    — nain.
Pied-d'Alouette nain bicolore rose.
Godetia rubicond.
Haricot d'Espagne bicolore.
Ancolie du Canada.
Schizanthe émoussé.
    de Graham.

Tigridia œil de paon.
Pavot à bractées.
Siphocampilos bicolore.
Balisier gigantesque
Glayeul perroquet.
Alonsoa à feuille incisée.
Gaillarde peinte.

OU LE JAUNE DOMINE.

Thunbergia ailé nankin.
    — orange.
Chrysanthème à carène jaune.
Hélianthème taché.
Madia élégant.
Coréopsis élégant.
    d'Ackermann.

Tagétès étalé. Œillet d'Inde.
    — nain.
    — très nain.
Sphénogyne éclatante.
Grammanthes gentianoïde.
Fumeterre toujours verte.
Oxyure à feuille de chrysanthème.

10° FL. PONCTUÉES OU MACULÉES.

FOND BLANC.

Balsamine double ponctuée feu.
— — violet.
— — — clair.
— — cramoisie.

Balsamine double variée.
Mélitte des bois.
Nemophila ponctué.

FOND ROSE.

Martynia annuel. Cornaret.

Schizanthe à feuille ailée.

FOND BLEU.

Nemophila ponctué à fleur bleue.

FOND JAUNE.

Tagétés à taches pourpres.
Gentiane pourpre.
        ponctuée.
Mimule ponctué

Mimulus speciosus.
Pourpier à grande fleur jaune de Thorburn.
Capucine grande.
        petite.

11° FL. STRIÉES VARIÉES.

Mauve de l'Ile-de-France *ou* d'Alger.
Nolana couché.
Pois-de-senteur panaché violet.
    — rose.
Mauve de la Chine.

Bugrane gluante.
Œillet deltoïde.
Salpiglossis hybride.
Rose-trémière de la Chine.

12° FL. PANACHÉES.

FOND BLANC.

Amarantoïde panachée.
Balsamine double panachée feu.
    — — feu naine.
    — — violet.

Balsamine double panachée violet clair, **hâtive**.
    — — — clair, tardive.
    — — — naine.
    — — lie de vin naine.

Balsamine double panachée variée.

Belle-de-nuit blanche panachée rouge.

Muflier panaché.

Pavot double panaché.

   — nain liseré.

Reine-Marguerite pyramid. panaché rouge.

   — — violet.

   — — rose.

   — — — demi-anémone.

   — — — — demi-naine.

   — demi-naine panachée violet.

Reine-Marguerite pyr^{le}. 1/2-naine panée lilas.

   — — — rouge.

   — naine panachée violet.

anémone panachée violet.

   — — rouge.

demi-naine panachée rouge hâtive.

   — — rouge tardive.

   — — rose.

   — — violet.

Belle-de-jour à fleur panachée.

OEillet double flamand.

FOND JAUNE.

Capucine grande panachée.

Belle-de-nuit jaune panachée rouge.

Muflier jaune panaché.

Tagétès étalé. OEillet d'Inde rayé

A VARIÉTÉS NON FIXÉES SÉPARÉMENT.

Pied-d'Alouette nain panaché.

Lupin polyphylle panaché.

Ipomée pourpre panaché.

Centaurée. Barbeau panaché.

Ancolie des jardins panachée.

OEillet de fantaisie.

13° FL. TRICOLORES.

Chrysanthème à carène.

Belle-de-jour. Liseron tricolore.

   à grande fleur

   violette.

Lupin changeant.

Gilia tricolore.

Ficoïde tricolore.

Loasa tricolore.

14° FL. A VARIÉTÉS NOMBREUSES EN MÉLANGE NON FIXÉES SÉPARÉMENT.

Alstroemère du Chili.

Ancolie des jardins variée.

Anémone des fleuristes.

Brachycome à feuille d'ibéride.

Calcéolaire hybride.

Centaurée. Barbeau varié.

Chrysanthème vivace *ou* des Indes.

Cinéraire hybride.

Coquelicot double varié.
Dahlia double varié.
Glayeul hybride.
Jacinthe cultivée *ou* d'Orient.
Iris hybride.
    d'Angleterre.
    d'Espagne.
    germanique.
    naine.
Œillet double ordinaire.
    — de fantaisie varié.
    mignardise.
Œillet de la Chine à fleur double.
    — à large feuille.
    de poète.
    — double.
Oreille-d'ours. Auricule liégeoise.

Oreille-d'ours poudrée *ou* anglaise.
Pensée des jardins.
    vivace à grande fleur *ou* anglaise.
Pétunie hybride.
Phlox varié.
    de Drummond.
Pied-d'alouette des blés à fleur double.
Pivoine herbacée.
Pois-de-senteur varié.
Primevère des jardins variée.
    à grande fleur.
Renoncule des fleuristes.
Scabieuse des jardins.
Verveine, variétés hybrides en mélange.
    teucrioïde hybride.
    incisa hybride.
Tulipe de Gesner.

15° PLANTES A FEUILLES

UNICOLORES

Amarante à feuille rouge.
    crête de coq à feuille rouge.
Arroche très rouge.
Basilic gros violet.
    fin violet.

Chou frisé rouge.
Poirée à carde rouge *ou* du Brésil
    — jaune *ou* du Brésil.
Ricin pourpre.

MULTICOLORES.

Amarante tricolore.
    bicolore.
Chardon Marie.
Chou frisé panaché rouge.

Chou frisé blanc.
    lacinié panaché rouge.
    — — blanc.
Euphorbe panachée.

DISPOSITION DES COULEURS.

La manière de grouper et d'arranger des fleurs dans un jardin est loin d'être sans importance. Les mêmes plantes, selon qu'elles sont mêlées indistinctement, ou réunies avec goût, peuvent présenter, dans un cas, un aspect terne et confus, et dans l'autre des effets vigoureux et attrayants; au point que l'on a peine à concevoir que des résultats aussi différents puissent être produits par les mêmes éléments. En général, on se préoccupe trop de mêler et d'émailler les couleurs dans les parterres et les plates-bandes. Cette disposition peut être convenable dans les alentours immédiats d'une habitation, et tant que les groupes de plantes sont assez rapprochés de l'œil pour qu'il puisse saisir isolément les détails de chacune des fleurs qui les composent ; mais dès que la distance est un peu plus grande, la variété des couleurs , loin de servir, par le contraste, à les faire valoir les unes par les autres, tend, au contraire, à les confondre en une nuance moyenne qui est d'autant plus terne que le contraste des couleurs qui la composent est plus parfait ; c'est-à-dire que ces couleurs approchent plus d'être complémentaires les unes des autres*. On obtient, en général, des effets beaucoup plus beaux et beaucoup plus agréables, en réunissant chacune des plantes en un groupe un peu plus étendu que l'on peut combiner, soit avec d'autres groupes voisins, soit avec le fond sur lequel il se détache de manière à le faire valoir autant que possible.

Ainsi rien n'est plus satisfaisant pour la vue qu'une corbeille ou massif composé d'une seule espèce de plantes, *Verveines, Pétunias, Pourpiers à grandes fleurs, etc.*, se dessinant nettement, soit sur la teinte jaunâtre et uniforme d'une allée sablée, soit sur un gazon bien vert et bien uni. Les plantes élevées et à port élancé , comme les *Passeroses*, les *Digitales*, les *Pieds d'alouettes* vivaces et annuels, etc., etc., peuvent aussi, sur des plans plus éloignés, produire des effets très heureux, mais qui seront toujours d'autant mieux caracté-

---

* On appelle complémentaires deux couleurs dont la réunion contient, en proportions égales, les trois couleurs primitives, *jaune, rouge* et *bleu*. Ce sont en même temps celles qui contrastent le plus agréablement ensemble; ainsi le rouge contraste avec le vert, le bleu avec l'orange, le jaune avec le violet, et réciproquement. Le contraste est d'autant plus parfait que les deux couleurs ne sont pas au même ton : ainsi rouge foncé avec vert pâle ou vert foncé avec rose ; le blanc qui n'appartient à aucune de ces trois séries peut s'associer avec toutes les couleurs : mais il contrastera d'autant mieux avec elles qu'elles seront d'une nuance plus franche.

risés que l'on aura réuni ensemble plusieurs plantes de même espèce. On doit, par les mêmes
raisons, éviter la réunion, dans le même massif, de plantes de grandeurs et de ports différents, parce qu'elle produit toujours une apparence de confusion désagréable, tandis que leur
séparation par grandeur fait qu'elles se présentent toutes également à l'œil, et qu'elles jouis-
sent également des influences de l'air et de la lumière. Enfin, l'on doit chercher à combiner
les époques de floraison de manière à ce qu'aucune partie du jardin ne se trouve momenta-
nément dégarnie, et à ce que les plantes dont les couleurs doivent s'harmoniser ensemble
arrivent à fleurir dans le même moment.

CRÉATION ET ENTRETIEN DES GAZONS.

La création et l'entretien des gazons demandent quelques soins ; mais moyennant des précautions fort simples et un choix d'espèces convenablement appropriées, *on peut avoir de bons gazons dans tous les sols où il a été possible de former des jardins.*

On emploie le plus généralement pour cet usage le *Ray-grass* (Lolium perenne), ou *Gazon anglais*, dans la proportion de 1 kilogramme par are *. Dans de petites pièces où l'on veut avoir une herbe très fine et très tassée, on met jusqu'au double de cette quantité: mais il faut observer que le gazon résiste d'autant moins à la sécheresse qu'il a été semé plus épais. Le Ray-Grass convient parfaitement dans les terres fraîches ou profondes, et toutes les fois que l'on peut arroser.

Lorsque le terrain est sec, sableux, ou que la couche arable a peu d'épaisseur, le Ray-Grass se dessèche et périt en été ; on peut, dans ces circonstances, obtenir encore d'assez bonnes pelouses avec un mélange des espèces qui résistent mieux à la sécheresse, comme les suivantes :

> Brome des prés,
> Paturin des prés ,
> Fétuque traçante ,
> — ovine.
> Cretelle ,
> Flouve odorante .
> Trèfle blanc.

Dans le parc de Fontainebleau, on a obtenu de jolis gazons sur du sablon blanc presque pur, au moyen de la fétuque ovine, en lui associant le Ray-Grass destiné à garnir le terrain la première année, pour disparaître ensuite et laisser la fétuque seule ; un inconvénient de ces gazons est d'être excessivement glissants à marcher.

Le *Brome des prés* peut aussi former d'assez bons gazons sur des terrains *calcaires* très secs où aucune autre herbe ne pourrait résister.

---

* Pour bordure, 1 kilog. de Ray-Grass, sème de 80 à 100 mètres de longueur.

On peut obtenir de bons gazons sous bois, quand les arbres sont assez élevés pour permettre à l'air de circuler librement, et que leurs têtes ne sont pas trop touffues ou pressées *. Les espèces à employer, dans ce cas, sont les suivantes :

Fétuque traçante ,

Flouve odorante ,

Paturin des bois.

Si la position est à la fois ombragée et très sèche, on devra leur adjoindre les deux espèces suivantes :

Fétuque hétérophille ,

— à feuille menue **

qui sont beaucoup plus résistantes que les trois autres ; mais qui ont le défaut de former des touffes isolées. Ce défaut doit les faire repousser quand il y a moyen de choisir.

La préparation du terrain consiste dans les labours et hersages nécessaires pour l'ameublir et régulariser sa surface. Il est bon que ces opérations précèdent de quelque temps l'époque du semis, afin que la terre ait eu le temps de se *rasseoir* ; les semis faits dans une terre récemment labourée ou *creuse* lèvent généralement moins bien ; on peut cependant, le plus souvent, remédier à ces inconvéniens par un coup de rouleau, et, dans certaines terres, par des hersages ou ratissages répétés.

Les gazons peuvent se semer à l'automne ou au printemps. Pour les grandes pièces, et principalement en terrain sec, il convient mieux de semer de bonne heure, à l'automne ; pour de petites pièces, en bonne terre, et surtout lorsqu'il est possible d'arroser, on peut semer presque à toutes les époques de l'année. Le semis se fait toujours à la volée et le plus également possible ; la graine demande à être légèrement recouverte, et, quand on le peut, terreautée et roulée.

On ne peut pas gazonner par semis, les talus, bancs, etc., présentant des pentes trop fortes et que l'eau des arrosements ravinerait en entraînant la graine. On procède, dans ce cas, par la méthode du placage, qui consiste à enlever dans des prairies, ou le long des chemins, des plaques de gazon que l'on ajuste avec soin les unes à côté des autres, en les retenant par de petites chevilles de bois ; il est nécessaire, dans ce cas, de donner de copieux arrosements pour les fixer à la terre.

Un gazon une fois établi ne doit pas être négligé. S'il est convenablement soigné, il peut durer indéfiniment ; s'il est, au contraire, abandonné à lui-même, il est rare qu'au bout de quelques années, il ne devienne pas nécessaire de le retourner.

---

* Il n'y a pas de gazons possibles sous des taillis non plus que sous les bois d'arbres verts.

** Il convient, à cause de la lenteur du premier développement de ces plantes, de leur associer une certaine quantité de Ray-Grass, qui garnit le terrain d'abord, plus tard, il leur cède la place, à mesure qu'elle prennent de la force.

Les soins à lui donner consistent :

1° En un sarclage au printemps et un autre au commencement de l'automne pour enlever les herbes à racines pivotantes ou à larges feuilles, comme oseille, plantain, luzerne, etc., qui peuvent provenir du terrain ou y avoir été apportées par les fumiers ;

2° A faucher assez souvent pour qu'aucune plante ne puisse porter graine.

3° A rouler après chaque coupe ;

4° A fumer ou terreauter de temps en temps selon la richesse du sol, soit avec du fumier long que l'on étend à l'automme, et dont on ratisse la paille longue au printemps avant la pousse de l'herbe, soit avec des cendres * ou du Guano **. Un terreautage avec du terreau de couche est, de tous ces moyens, celui qui convient le mieux dans des terres un peu fortes. En général, il suffit de répéter cette opération tous les trois ans ;

Quand un gazon devient vieux et que la mousse commence à l'envahir, il convient, à l'automne, quand la température est devenue tout à fait humide, de le ratisser vigoureusement à plusieurs reprises avec des rateaux à dents de fer, de manière à enlever la mousse aussi complètement que possible ; l'herbe, quoique couchée, et, en apparence, à demi-déracinée par cette opération, n'en souffre pas en réalité. On peut parfaitement alors regarnir le gazon en répandant de la graine dans les places où la mousse avait détruit ou trop éclairci l'herbe. On emploiera, dans ce cas, des plantes plus résistantes pour les points où les clairières ont été formées par l'ombrage de grands arbres ou la sécheresse partielle du sol. Il faut, autant que possible, terreauter par dessus la graine les places ainsi traitées, si l'on est pas à même de le faire pour toute la pièce. On peut presque toujours ainsi, par des ressemis partiels, arriver à rétablir parfaitement de grandes pièces de gazon qu'il eût été désagréable et coûteux de retourner complètement. Ces opérations doivent se faire de bonne heure si l'on veut ressemer des graines, c'est-à-dire aussitôt que la terre est trempée à fond pour ne plus être exposée à souffrir de la sécheresse. S'il ne s'agit que d'enlever la mousse ou de fumer ou terreauter, on peut opérer en octobre, novembre et décembre. Quant aux petites pièces situées tout près des habitations, le meilleur moyen de les avoir toujours parfaitement fraîches et garnies est de les labourer et ressemer tous les ans, s'il y a lieu.

---

* Un décalitre par perche, si elles sont neuves. 2 à 2 1/2, si elles sont lessivées.
** 3 kilogrammes par are.

Typographie FÉLIX MALTESTE et Cᵉ, rue des Deux-Portes-St-Sauveur 19